Datum: ____________

1

1 Zahlen färben.

Zahlen in der Umwelt

Zahlen aus dem Bild finden und benennen.

Datum: ______________

SALE
7
B:EK 7031
1872
GRÜNE EC
Banan
1kg
2,-
Katze rot
entlaufen
Tel. 805483
Angebot
2,-
COBURG 36 km
INFO
BÜRO 20 m
CN°5
Stück 70 Cent
1,50
1,-
3,- €

Würfelbilder und Mengen

Datum: ____________

1

2

2 Passende Würfelbilder malen.

Würfelbilder und Mengen

Datum: ___________

1

2

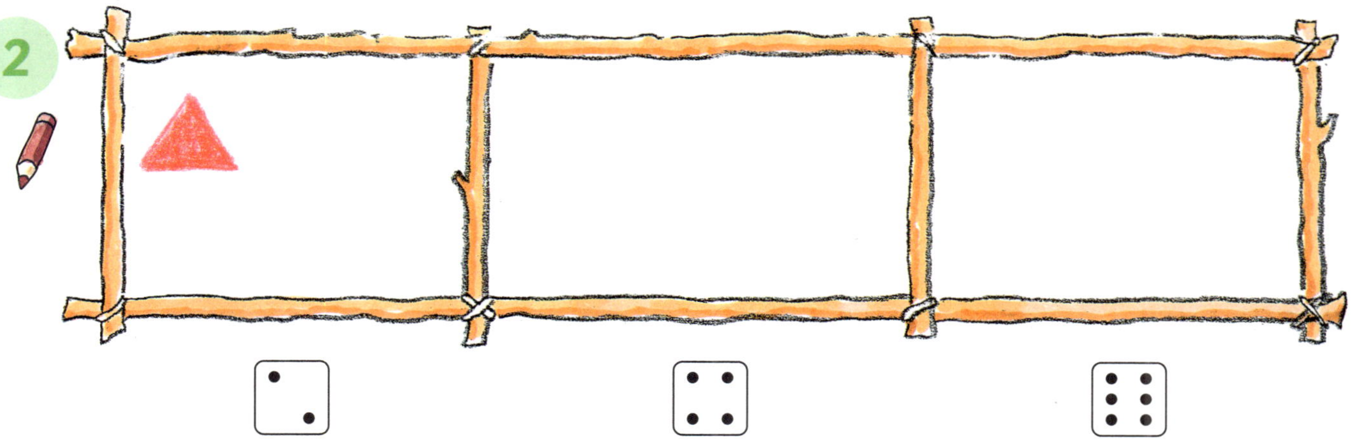

3

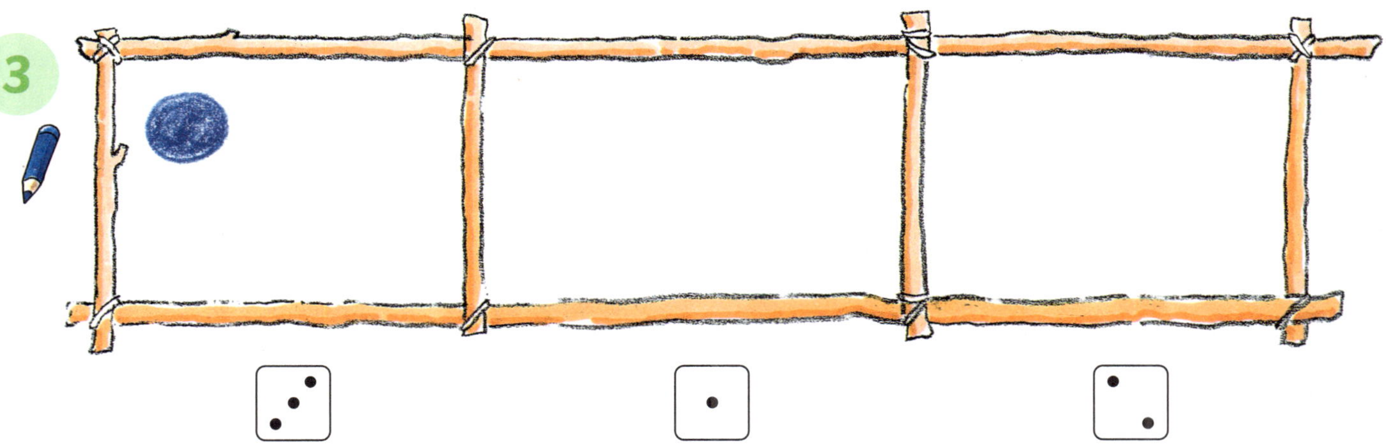

4

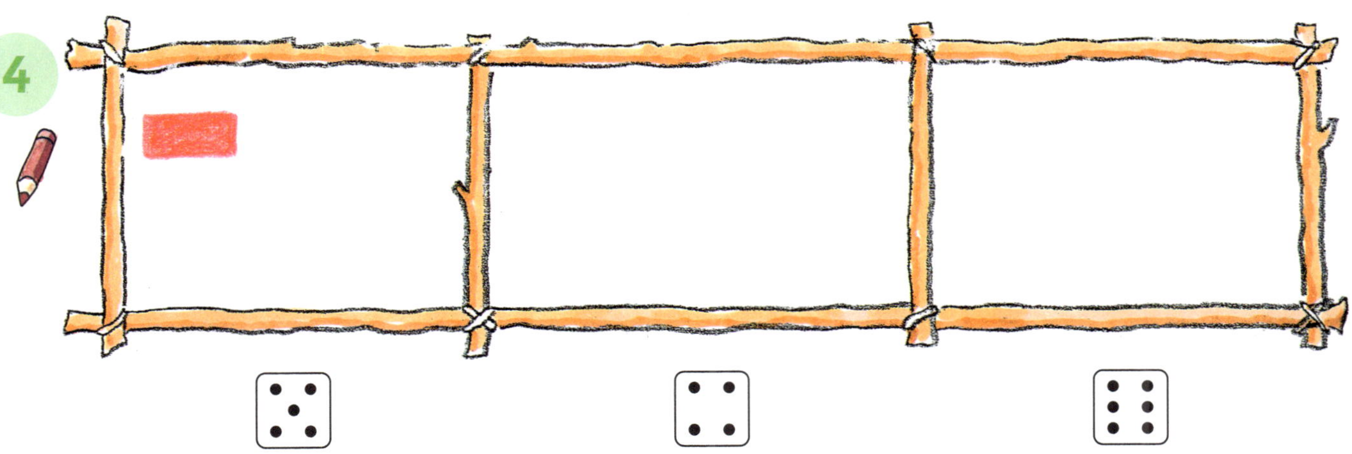

1 bis 4 Entsprechende Anzahl Formen malen.

Datum: __________

1 1 1 1 1 1 1 1 1 1 1 1 1 1 1

Ziffer mit verschiedenen Farben nachfahren.

Ziffernschreibkurs

Datum: ____________

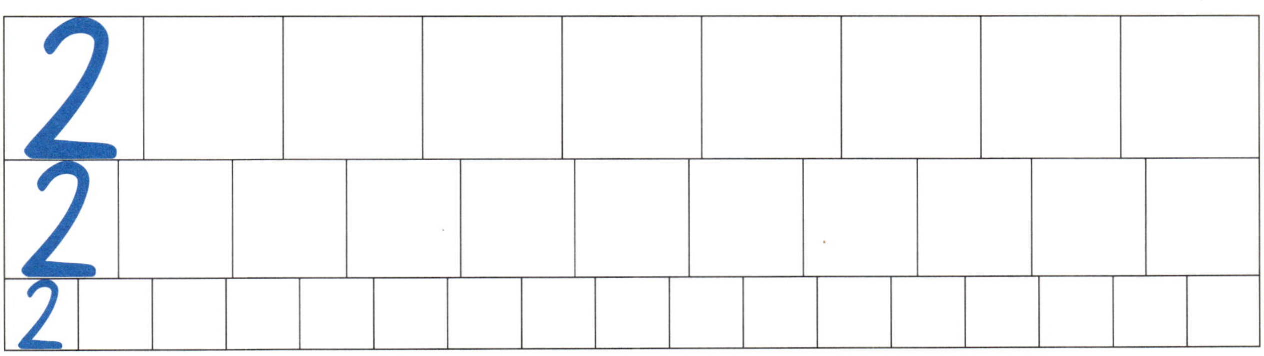

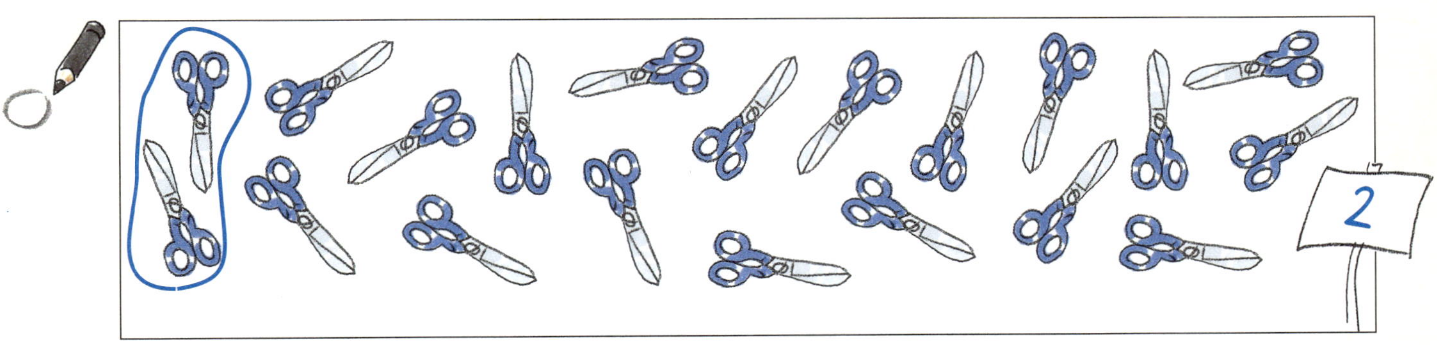

Datum: ____________

3

3								

3										

3																

Ziffernschreibkurs

Datum: ____________

1											
2											
3											

1														
1														
1														

2														
2														
2														

3														
3														
3														

1																					
2																					
3																					

1	2	1	2																		
2	3	2	3																		
1	3	1	3																		

Datum: ____________

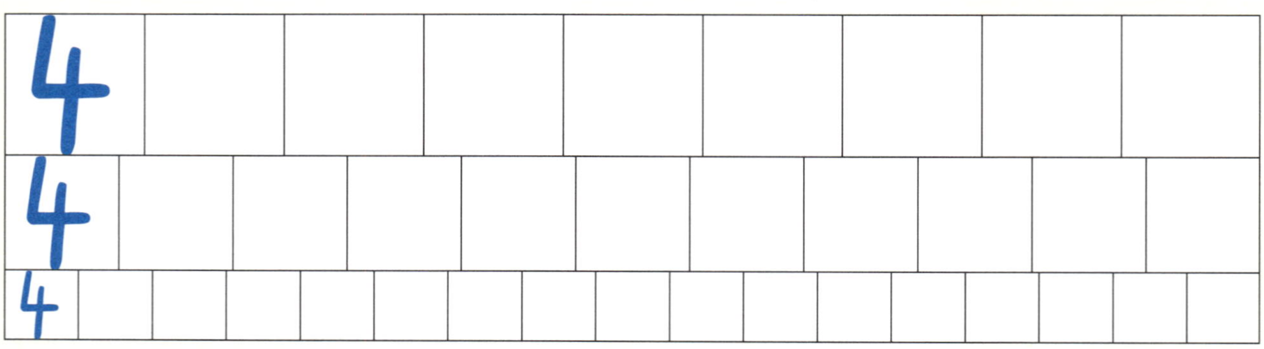

Datum: ____________

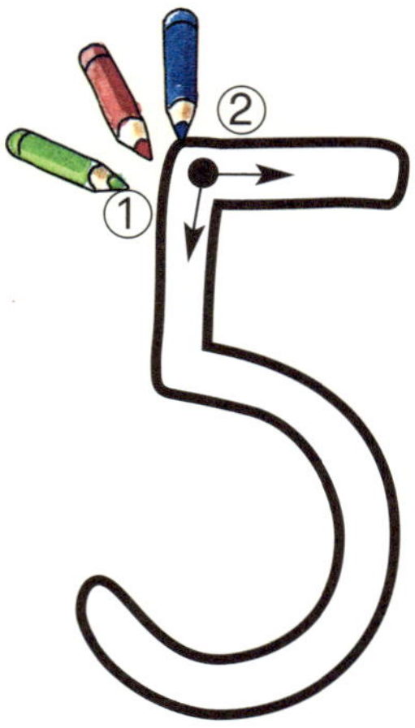

5 5 5

5 5 5 5 5 5 5 5

5 5 5 5 5 5 5 5

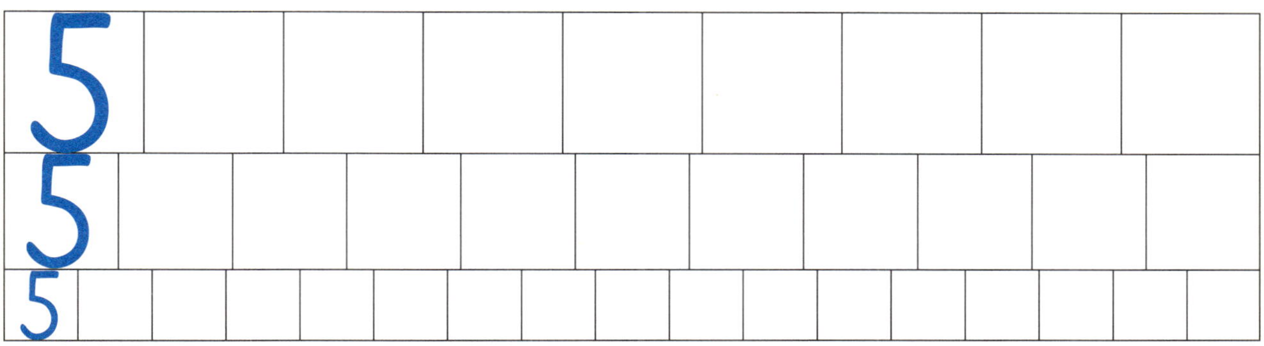

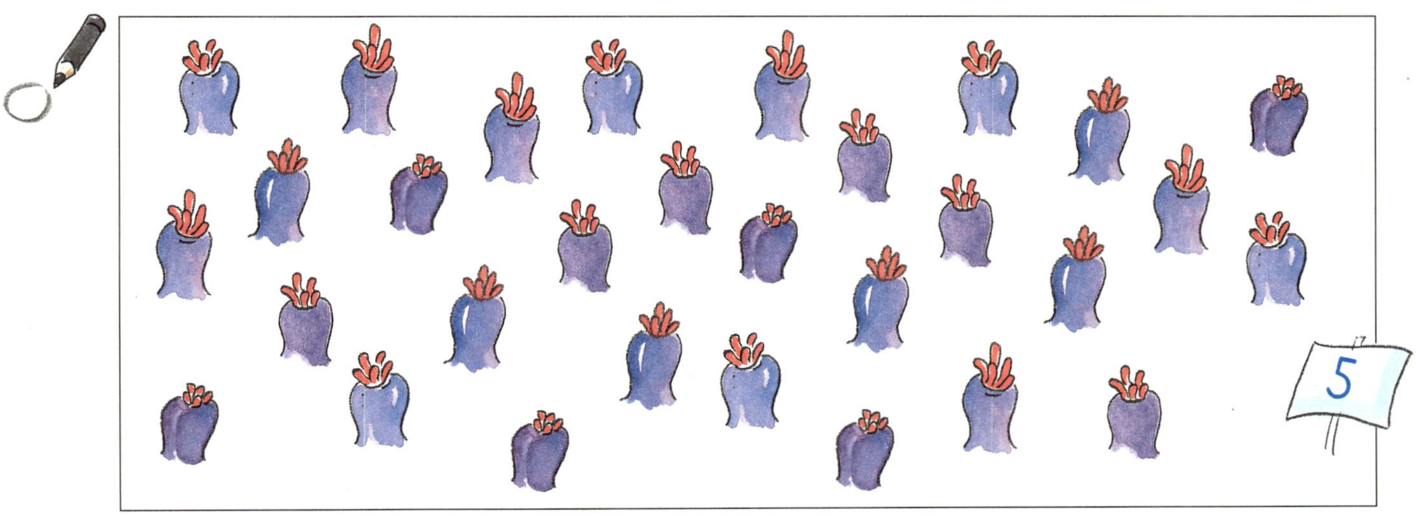

Datum: ____________

6								

6										

6																

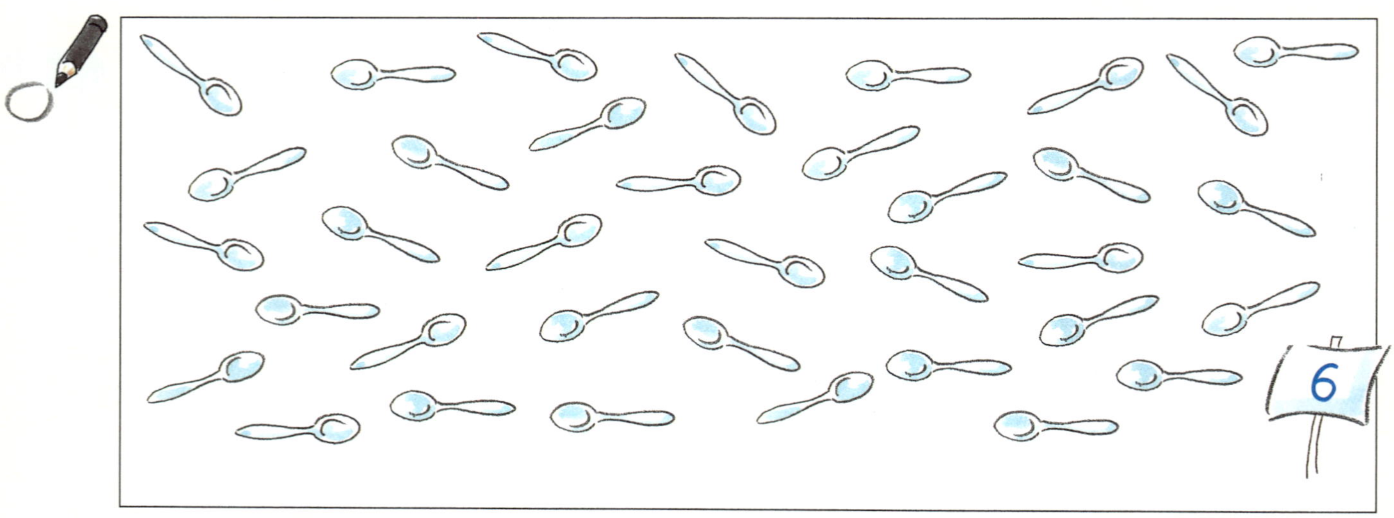

Ziffernschreibkurs

Datum: ____________

4											
5											
6											

4														
4														
4														

5														
5														
5														

6														
6														
6														

4																					
5																					
6																					

4	5	4	5																		
5	6	5	6																		
4	6	4	6																		

Datum: ____________

1

2

	|

Strichlisten

Datum: ____________

1

2

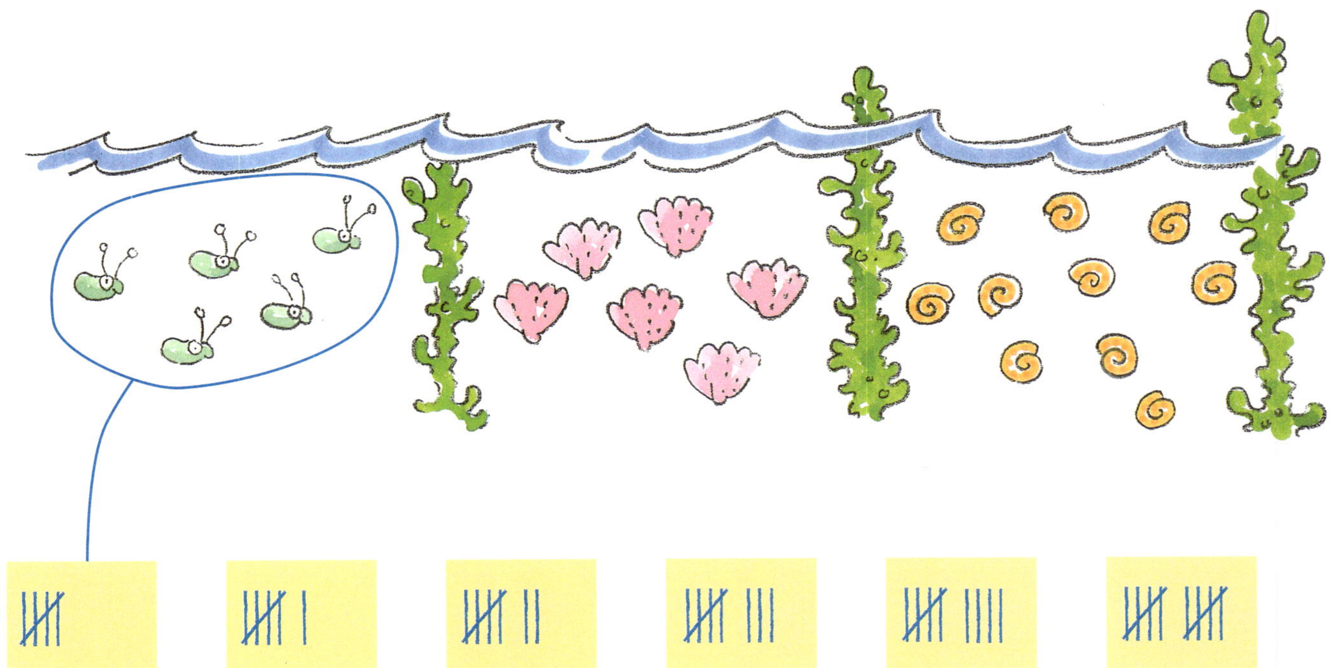

Menge – Würfelbild – Strichliste – Zahl

Datum: ____________

1

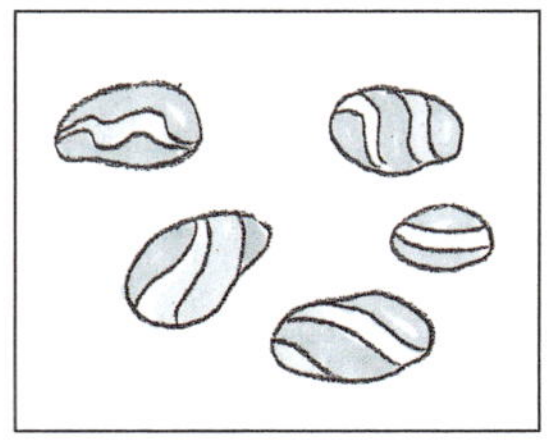

1	2	3	4	5	6
⚀	⚁		⚃		⚅
|		|||		𝍸	

2

① Verbinden. Würfelbild oder Strichliste malen. ② Würfelbild, Zahl und Strichliste malen.

Ziffernschreibkurs

Datum: ____________

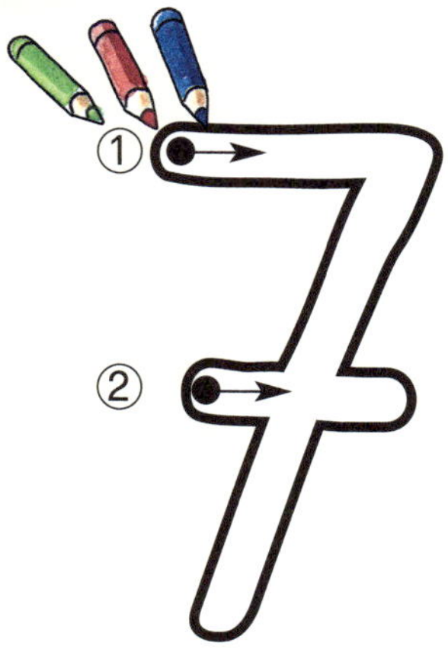

Datum: ____________

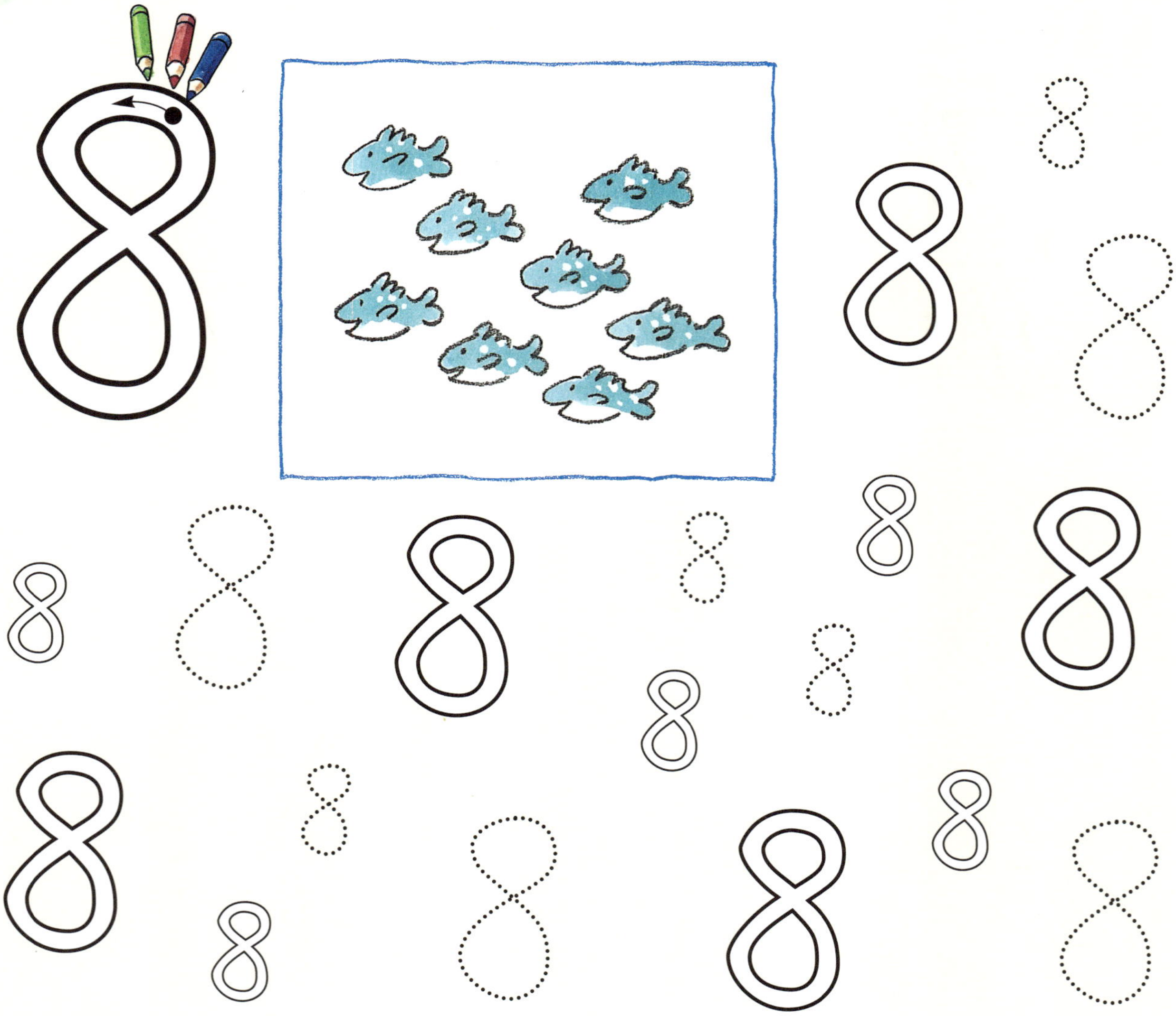

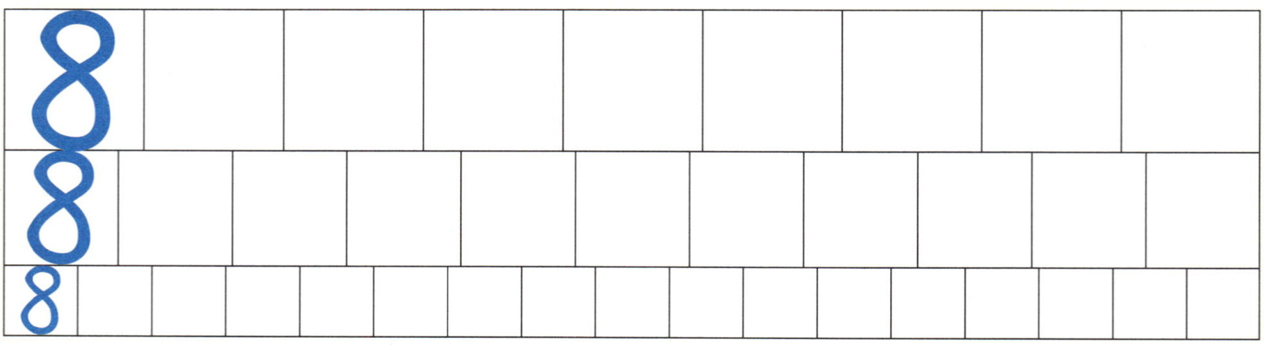

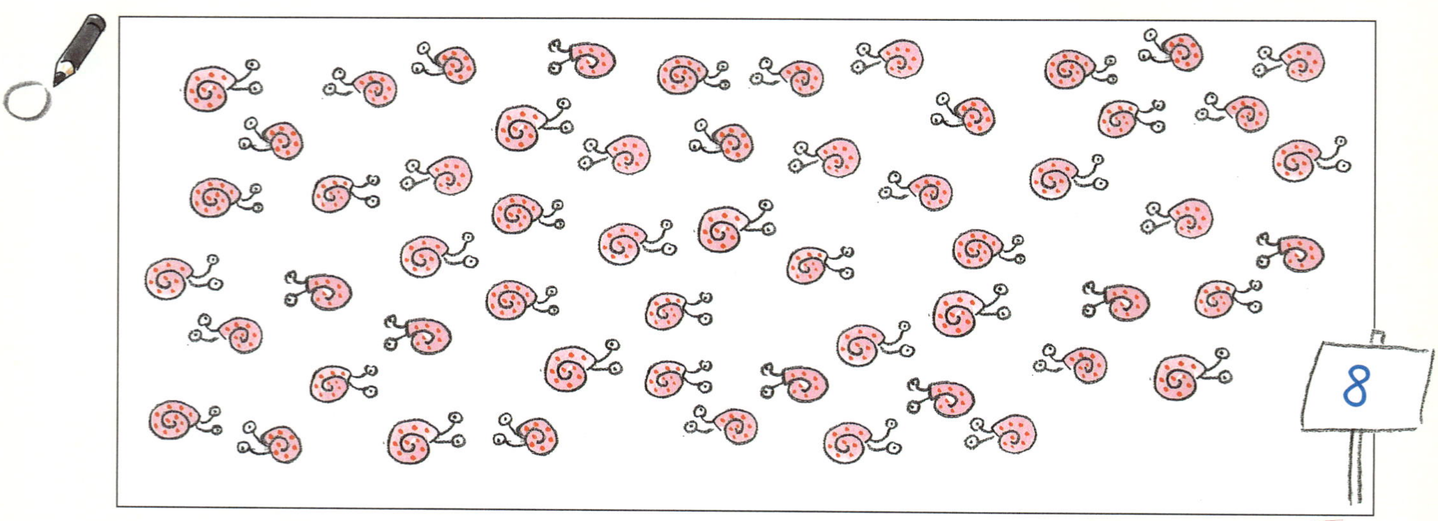

Datum: ____________

Datum: ____________

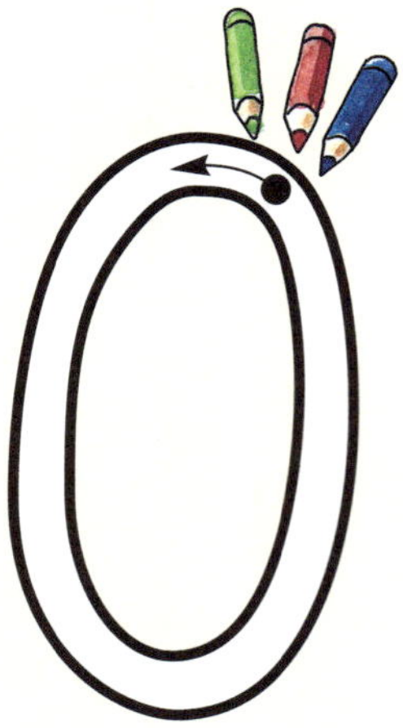

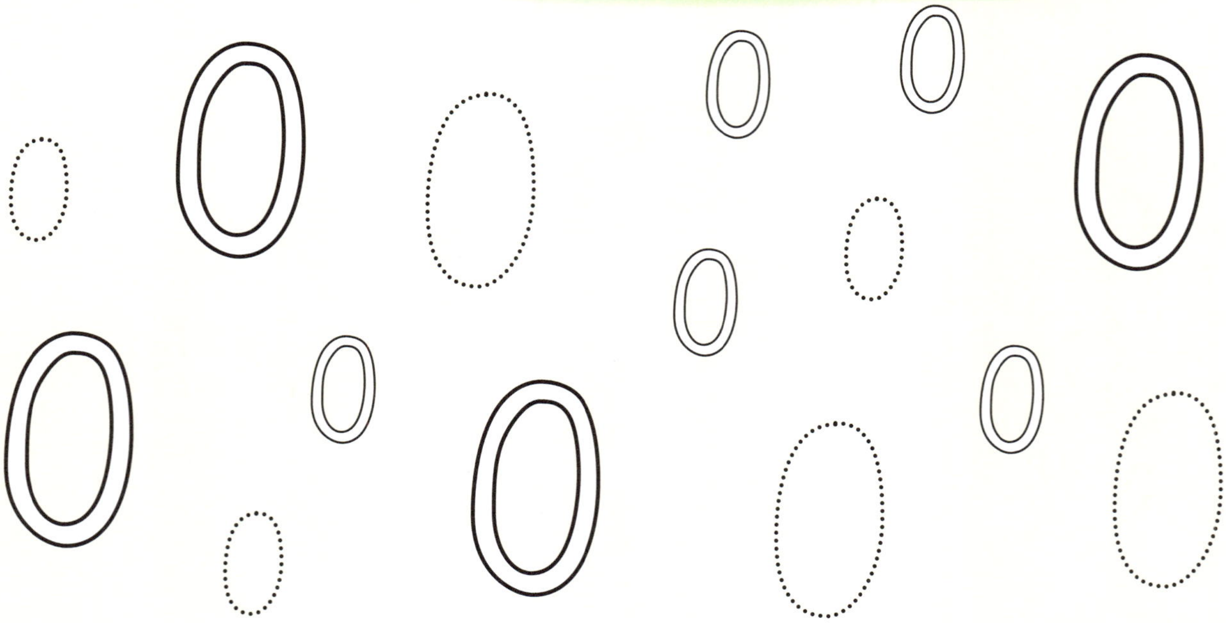

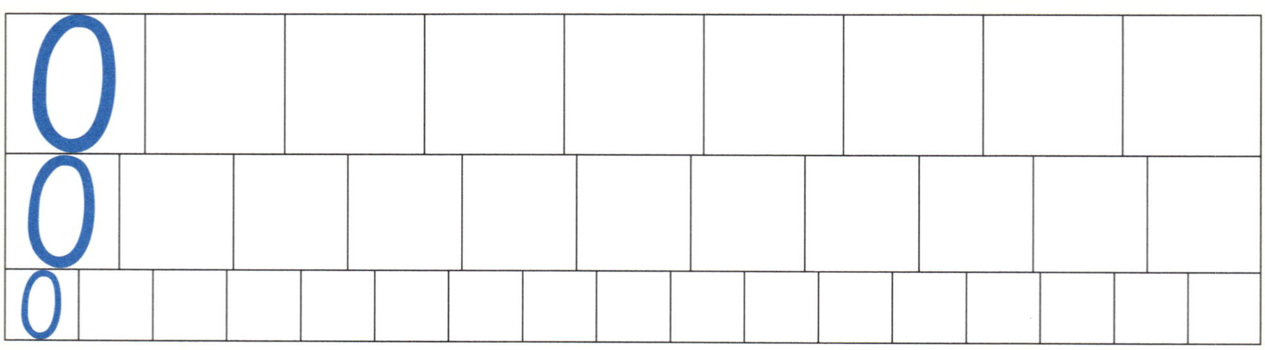

3	2	1	0

Datum: ____________

7

8

9

0

7

7

8

8

9

9

0

0

7
8
9
0

7 8 7 8
9 0 9 0
8 9 8 9

Menge und Zahl

Datum: ____________

1

2 3 4 5 6 7 8 9

2

3 4 5 6 7 8 9 10 11

3

4 5 6 7 8 9 10 11

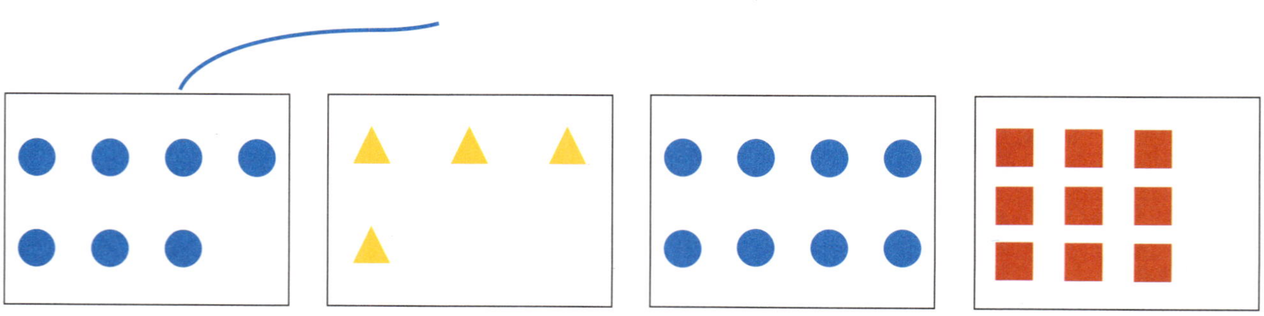

1 bis 3 Menge und Zahl verbinden.

Menge und Zahl

Datum: ____________

1

3

2

3

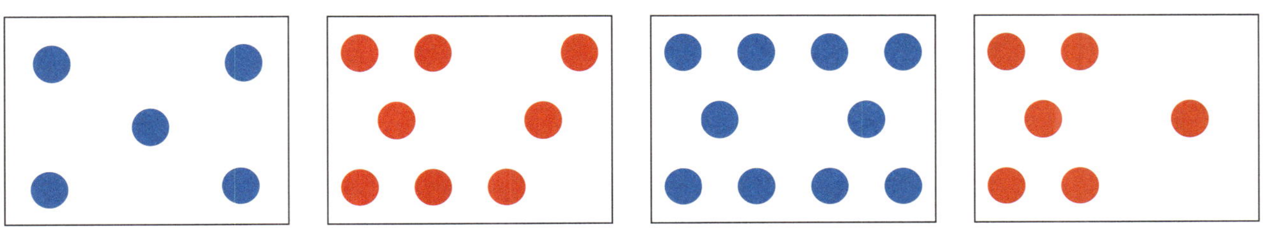

5

4

5

1 bis 5 Zahl schreiben.

Mengen und Zahlen

Datum: ____________

1

5	3	7	9
6	10	4	8

2

1 Passende Mengen malen. 2 Zahlen färben.

Würfelbauten

Datum: ____________

1

3				

2

3

4

5

~~6~~ 7 ~~8~~	6 7 8	6 7 8	6 7 8	6 7 8

1 bis 4 Anzahlen schreiben. 5 Falsche Zahlen durchstreichen.

Wie viele sind es?

Datum: ___________

Anzahlen in Strichliste notieren oder Zahl schreiben.

Rechenstreifen

Datum: ____________

1

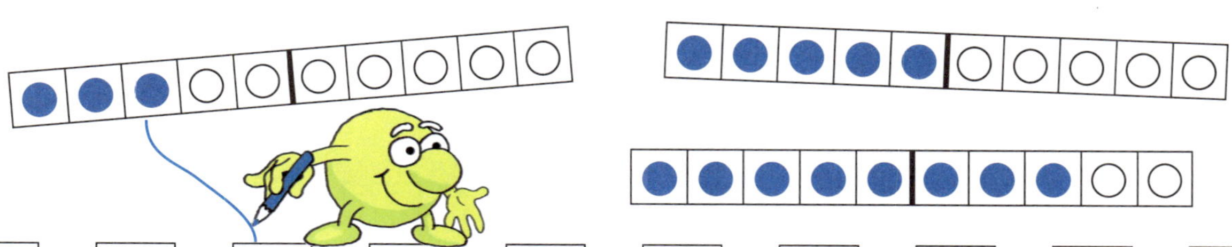

1 2 3 4 5 6 7 8 9 10

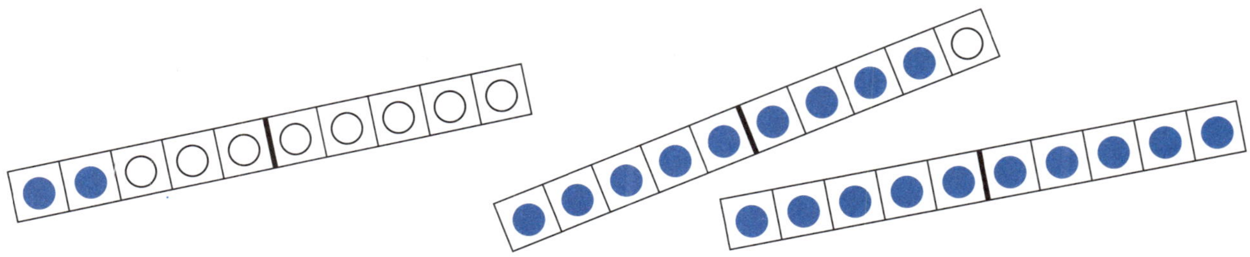

2

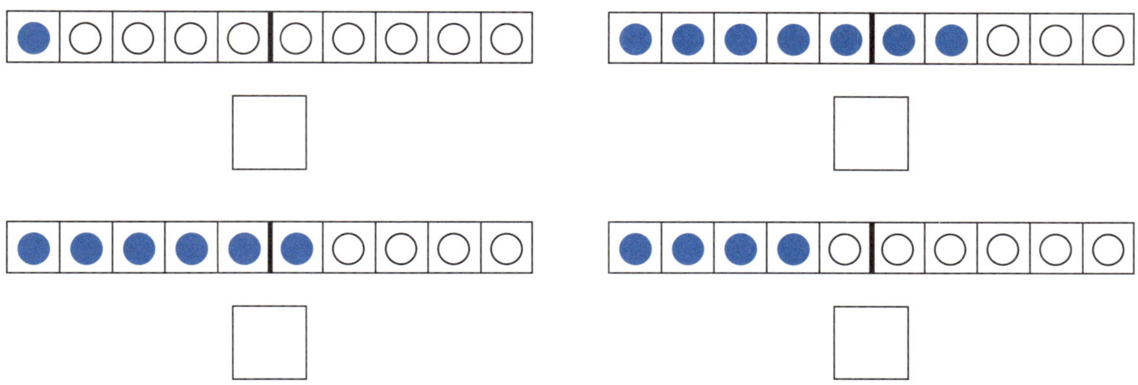

3

2 3 6 5 7 8 9 10

1 Streifen und passende Zahlenkarte verbinden. 2 Zahl schreiben. 3 Passende Anzahl malen.

Zahlen bis 10 und darüber

Datum: ____________

1

2

3

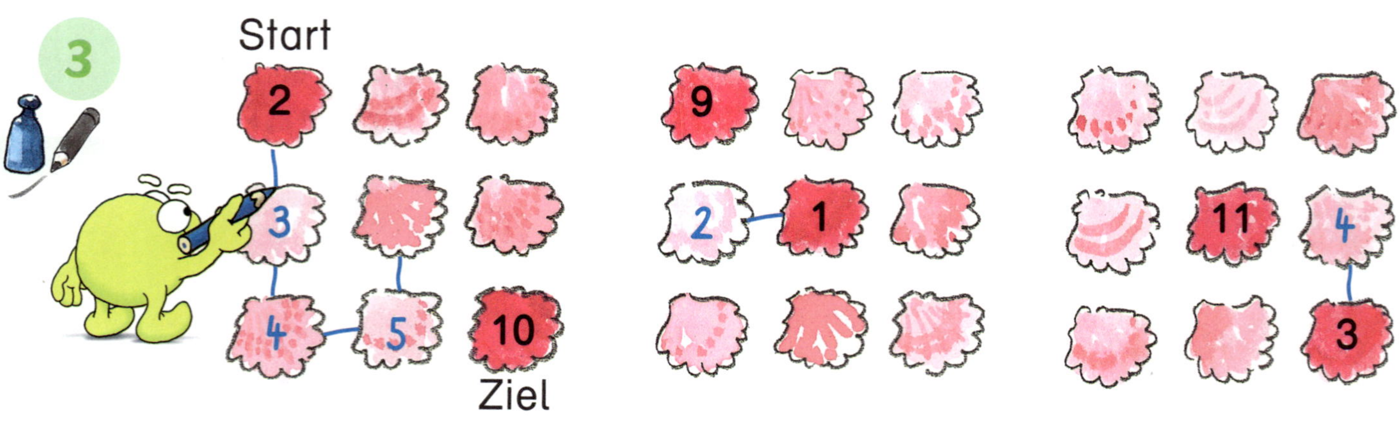

1, 2 Fahnen anmalen und Zahlen eintragen. 3 Fehlende Zahlen ergänzen und in der richtigen Reihenfolge verbinden.

Zahlen bis 10

Datum: ____________

1

2

3

1	2	3	4	5	6	~~4~~	7	8	9	6	10	11
12	11	10	6	9	8	7	6	2	5	4	3	2
4	5	6	8	7	8	9	5	10	11	14	12	
2	3	5	4	5	6	7	6	8	9	11	10	

2 Eier und Küken zählen. 3 Nicht passende Zahlen streichen.

Datum: ____________

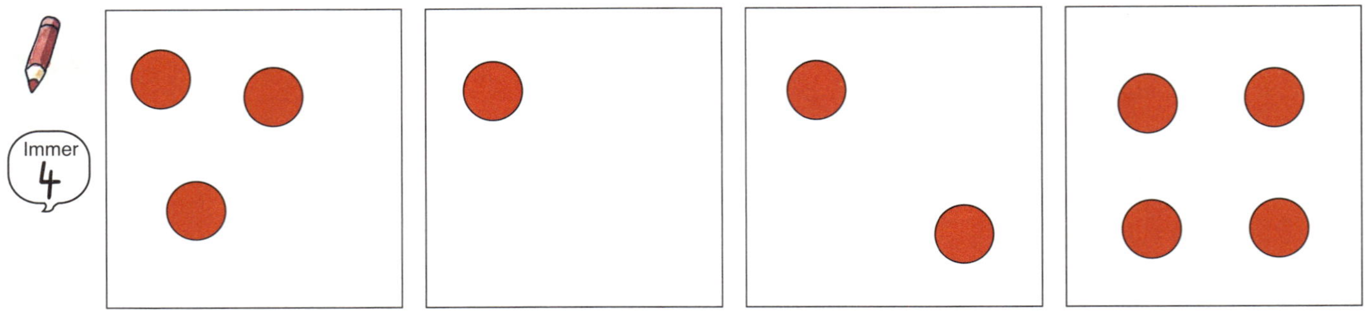

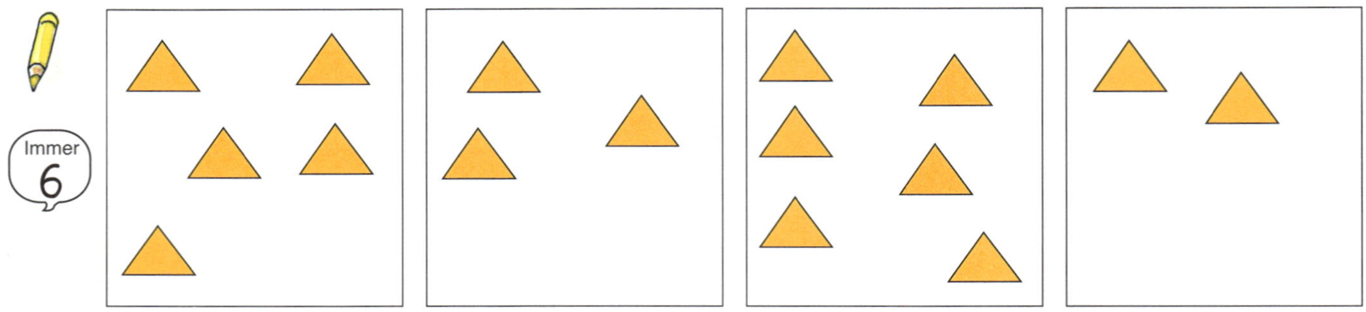

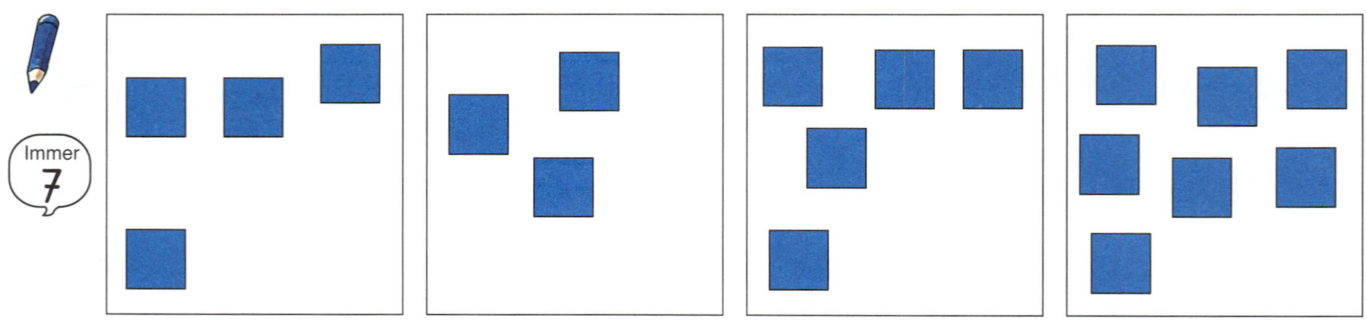

Kreise, Dreiecke, Quadrate, Rechtecke passend ergänzen.

Wegstreichen

Datum: ____________

Immer 8

Immer 7

Immer 5

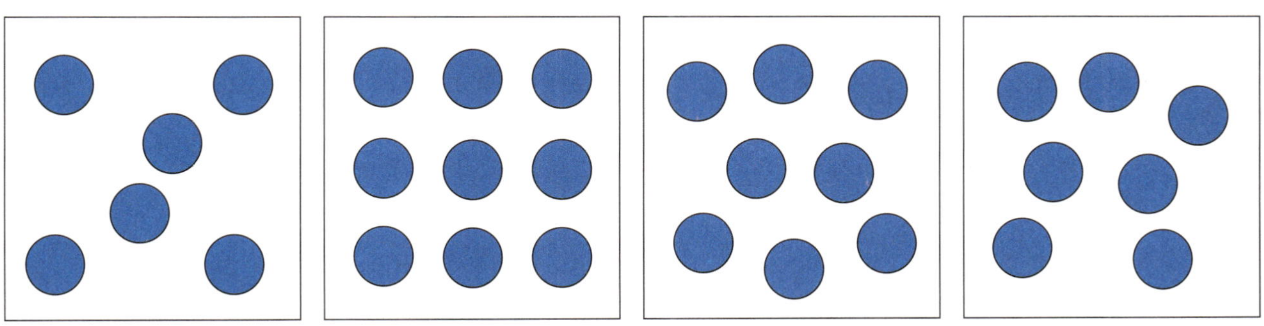

Immer 9

Quadrate, Dreiecke, Kreise passend wegstreichen.

Ergänzen oder wegstreichen

Datum: ____________

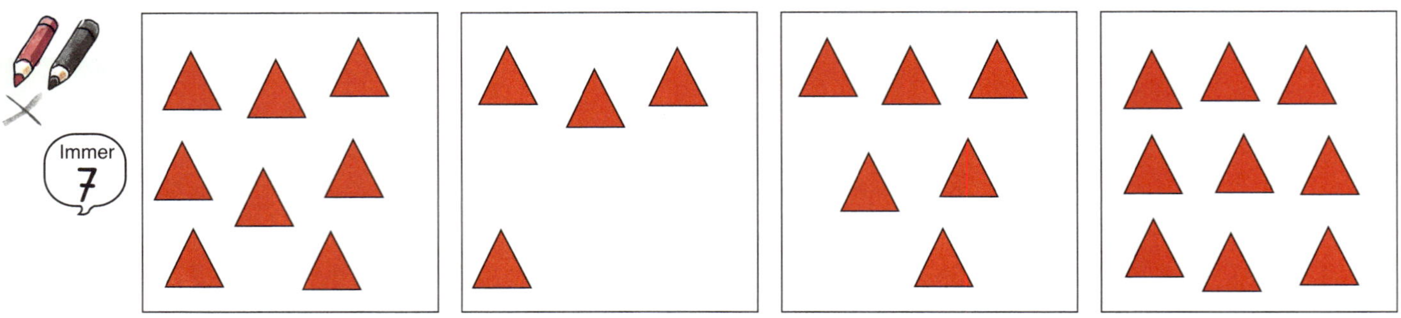

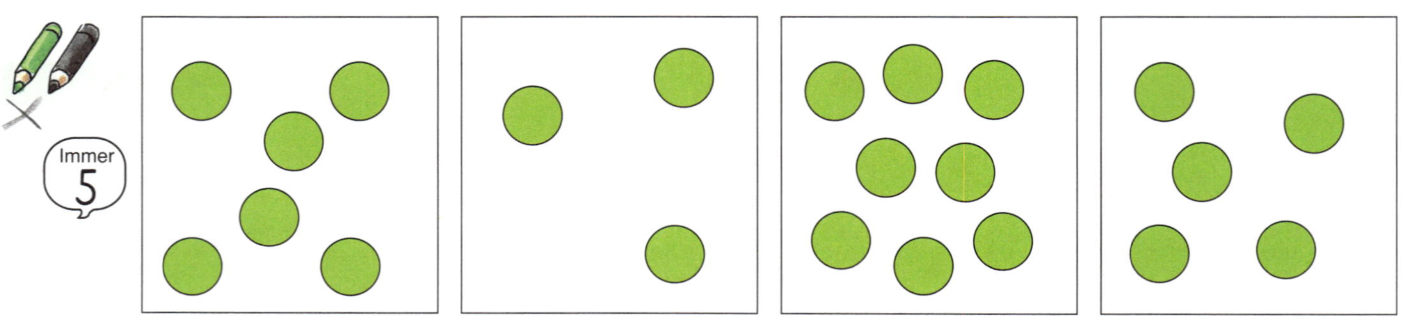

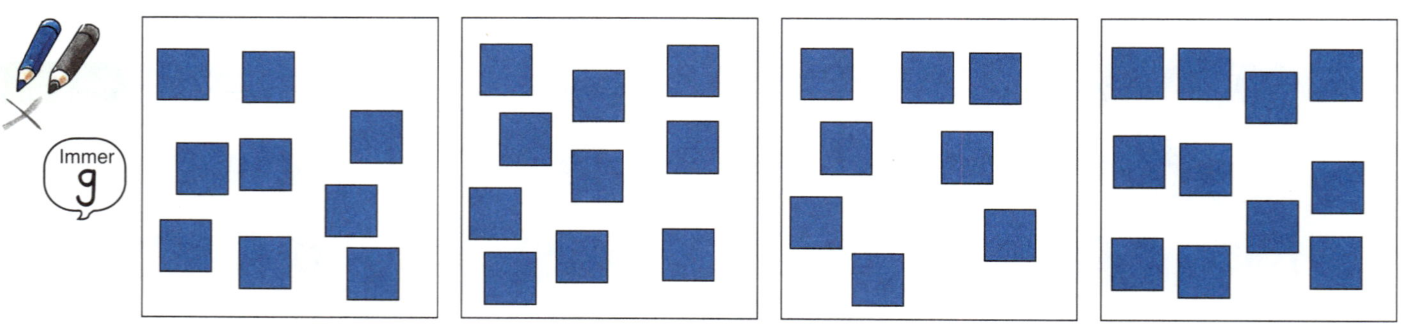

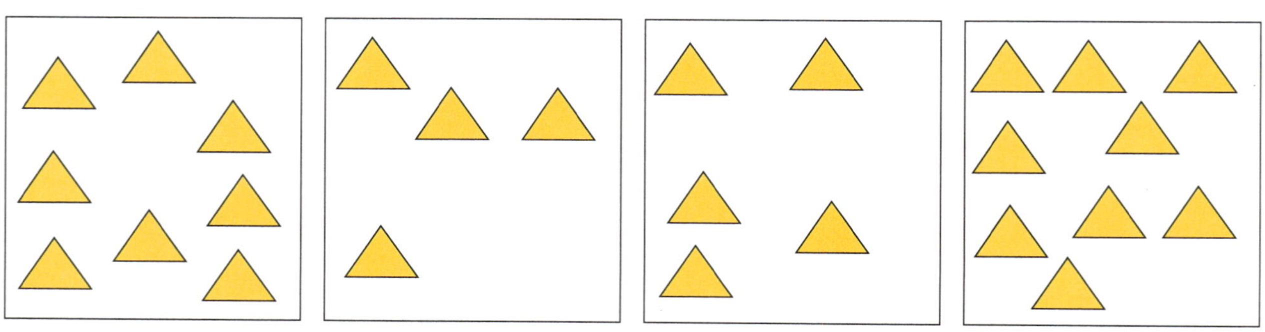

Dreiecke, Kreise, Quadrate passend wegstreichen oder ergänzen.

Zerlegen mit der Schüttelbox

Datum: ____________

1

8	8	8

2

9

10

①, ② Schütteln und Plättchen malen.

Zerlegen mit der Schüttelbox

Datum: ____________

1

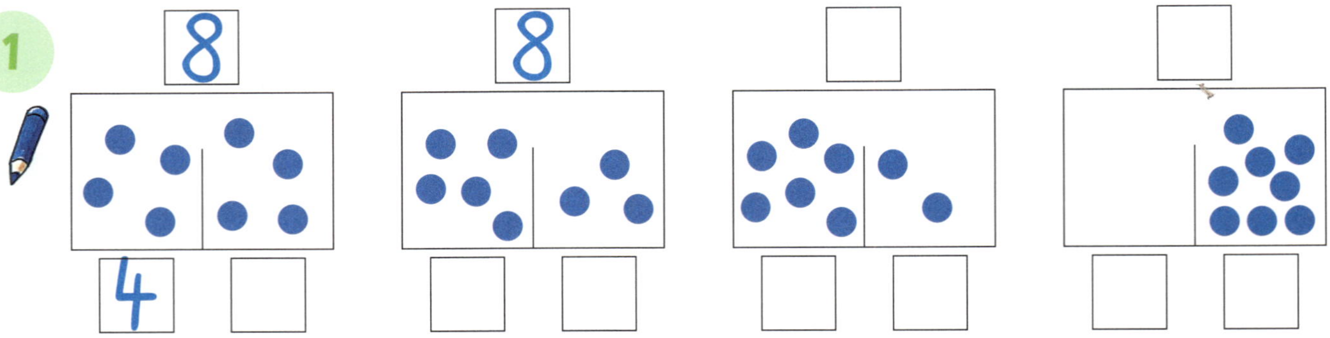

2

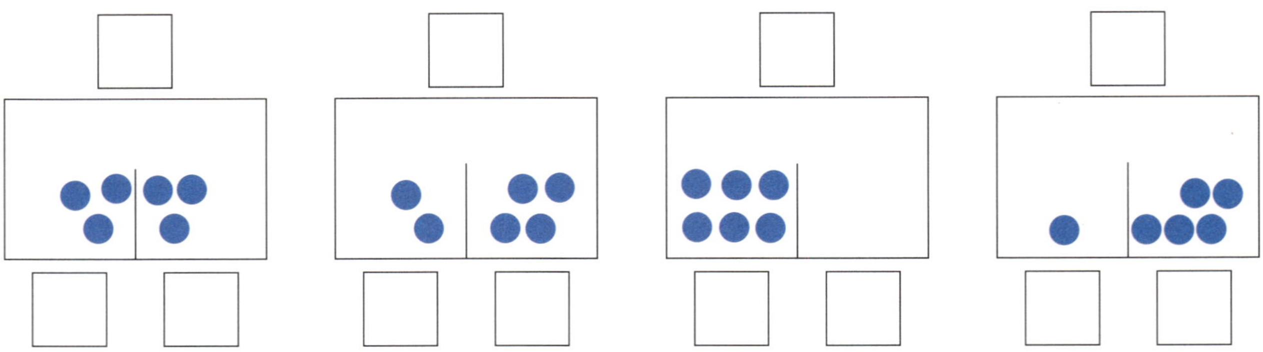

3

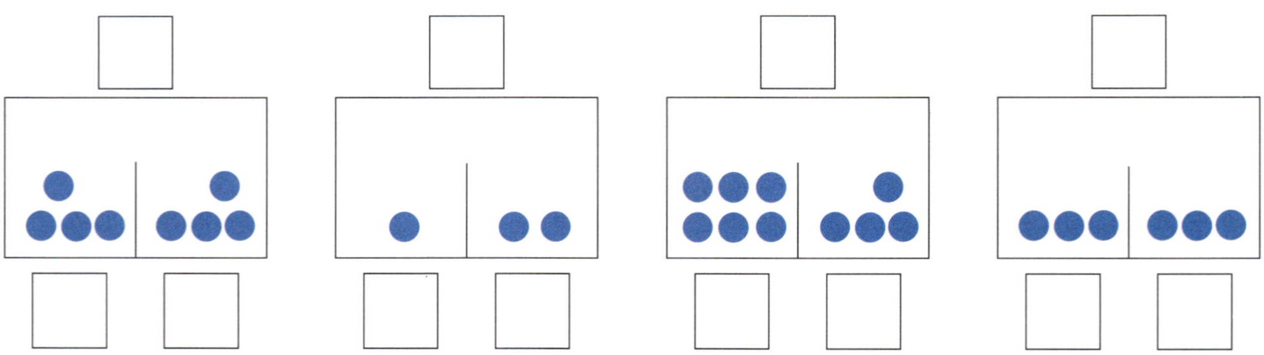

4

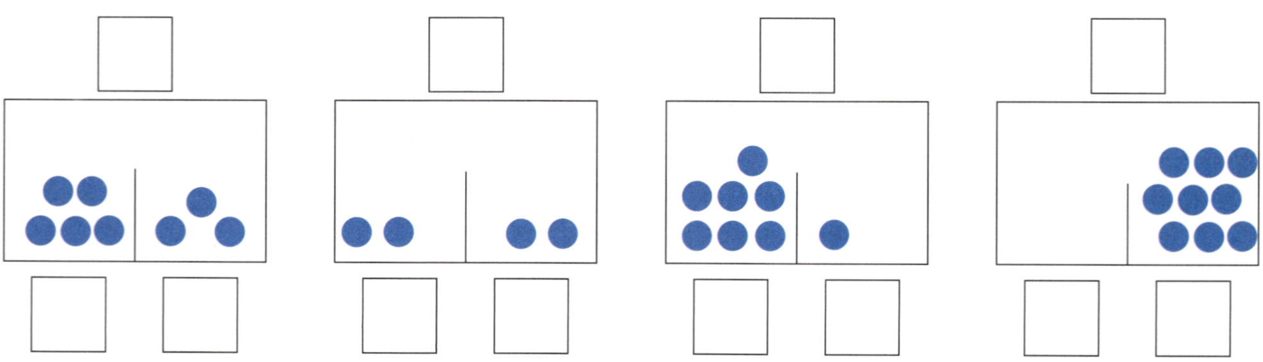

1 bis 4 Zerlegungen schreiben.

Zerlegen mit der Schüttelbox

Datum: ____________

1

2 | 2	3 | 6	4 | 0	1 | 7

2

5 | 1	1 | 5	0 | 6	4 | 2

3

4 | 6	7 | 3	8 | 2	1 | 9

4

7	7	7	7
7	7	7	7

1 bis 3 Plättchen malen, Gesamtzahl schreiben. 4 Selbst Zerlegungen zur 7 malen.

Zerlegen und das Plus-Zeichen

Datum: ______________

1

□ + □

□ + □

□ + □

2

□ + □

□ + □

□ + □

3

□ + □

□ + □

□ + □

Aufgaben zuordnen

Datum: ____________

1

1 + 3	3 + 1	4 + 2	5 + 2	1 + 1	2 + 4

2

5 + 1	4 + 1	3 + 3	2 + 2	1 + 4	1 + 5

3

2 + 4

1 + 3

4 + 3

3 Ergänzen oder wegstreichen? Bild passend machen.

Zerlegen am Rechenstreifen

Datum: ____________

1

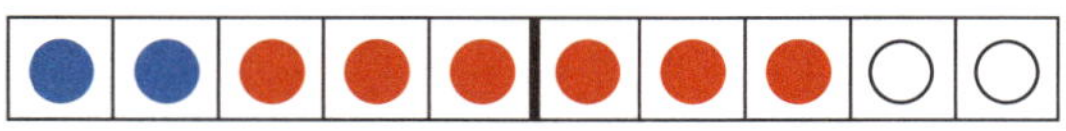

2 + ___

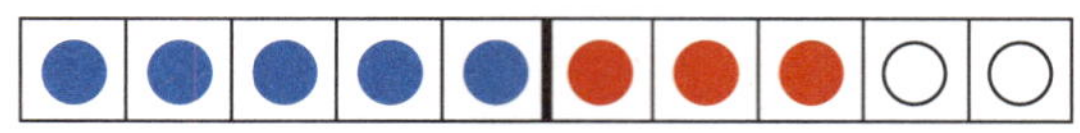

___ + ___

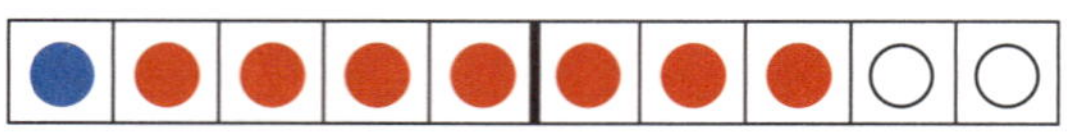

___ + ___

___ + ___

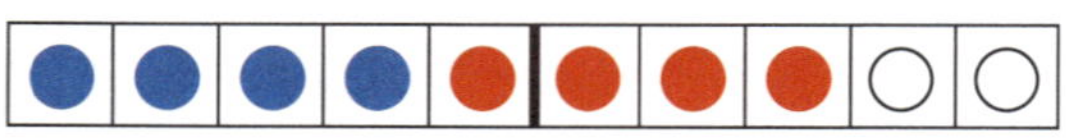

___ + ___

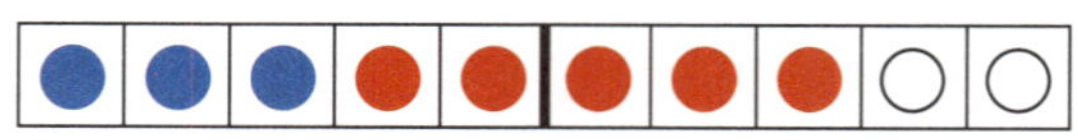

___ + ___

2

1 + 5

0 + 6

2 + 4

5 + 1

1, 2 Zerlegung der 8 und der 6.

Zerlegen

Datum: ___________

1

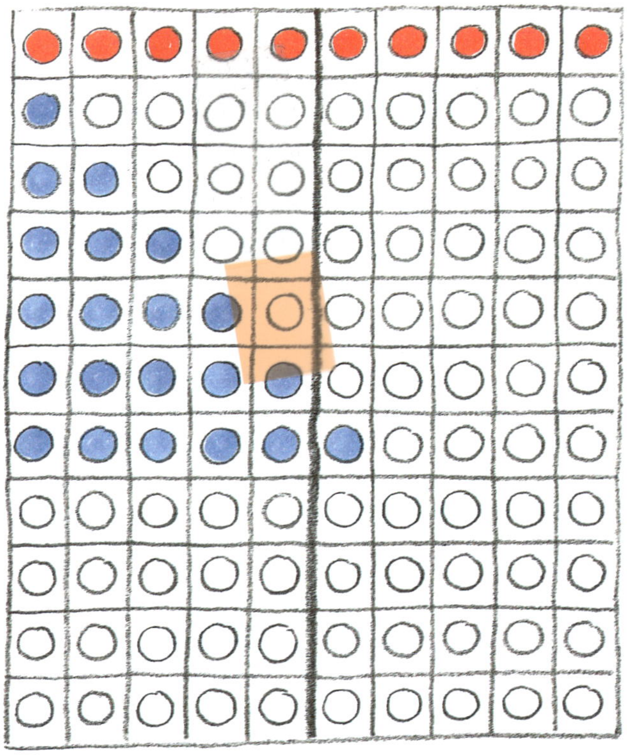

2

3

3 Selbst Zahlen wählen und zerlegen.

Datum: ____________

Additionsgeschichten

Datum: ____________

1

___ + ___ = ___

___ + ___ = ___

2

___ + ___ = ___

___ + ___ = ___

3

___ + ___ = ___

___ + ___ = ___

4 Finde mehr Plusaufgaben im Bild.

___ + ___ = ___ ___ + ___ = ___ ___ + ___ = ___

___ + ___ = ___ ___ + ___ = ___ ___ + ___ = ___

Additionsgeschichten

✳ AB 4 Datum: ____________

1

4 + ____ = ____

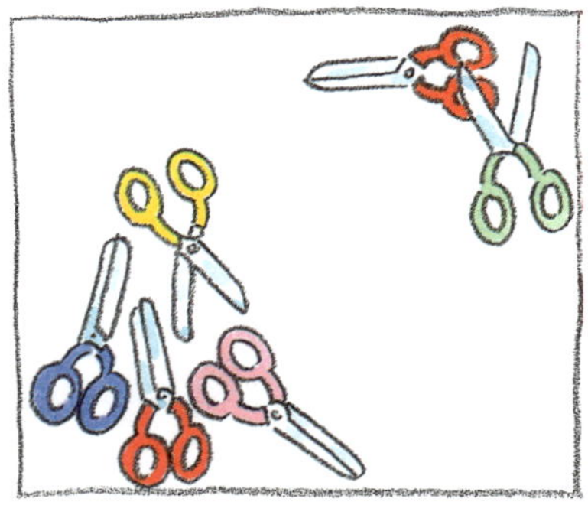

____ + ____ = ____

____ + ____ = ____

2

____ + ____ = ____

____ + ____ = ____

____ + ____ = ____

3

____ + ____ = ____

____ + ____ = ____

____ + ____ = ____

4

2 + 3 = ____

3 + 2 = ____

1 + 4 = ____

(4) Eigene Bilder zeichnen.

Additionsgeschichten

Datum: ____________

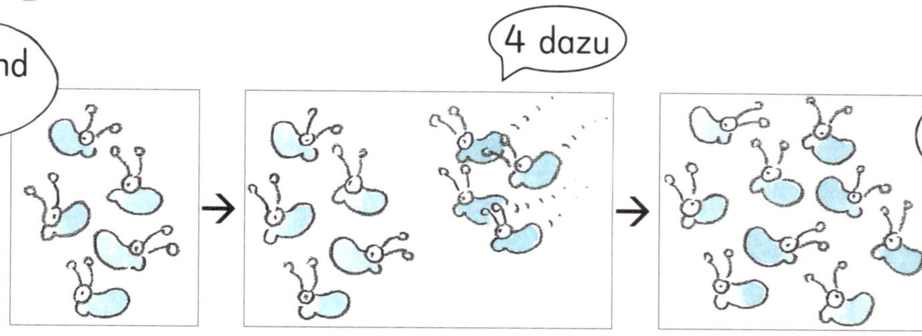

5 + 4 = 9

1

2 + ___ = ___

2

___ + ___ = ___

3

___ + ___ = ___

4

___ + ___ = ___

Addieren mit den Rechenstreifen

Datum: ____________

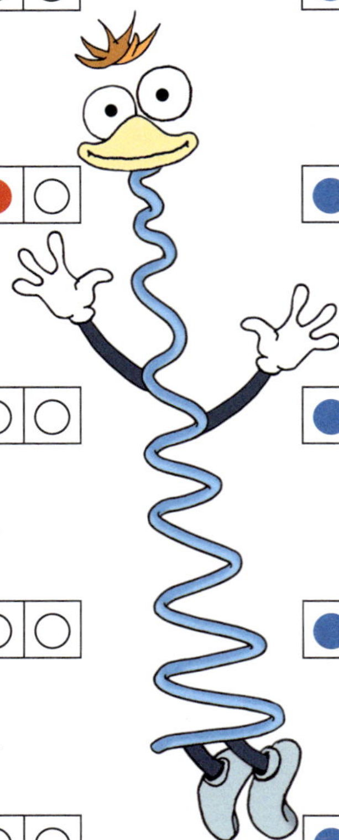

4 + 2 = ___

___ + ___ = ___

___ + ___ = ___

___ + ___ = ___

___ + ___ = ___

___ + ___ = ___

___ + ___ = ___

___ + ___ = ___

___ + ___ = ___

___ + ___ = ___

___ + ___ = ___

___ + ___ = ___

___ + ___ = ___

___ + ___ = ___

___ + ___ = ___

___ + ___ = ___

___ + ___ = ___

___ + ___ = ___

___ + ___ = ___

___ + ___ = ___

Addieren mit den Rechenstreifen

Datum: ____________

1

2 + 4 = ____

1 + 5 = ____

4 + 3 = ____

2 + 2 = ____

6 + 1 = ____

5 + 4 = ____

3 + 5 = ____

7 + 3 = ____

8 + 1 = ____

2 + 7 = ____

2

____ + ____ = ____

____ + ____ = ____

____ + ____ = ____

____ + ____ = ____

2 Eigene Aufgaben malen.

Addieren

Datum: ___

1

3 + 1 = ___
3 + 2 = ___
3 + 3 = ___
3 + 4 = ___
3 + ___ = ___
___ + ___ = ___

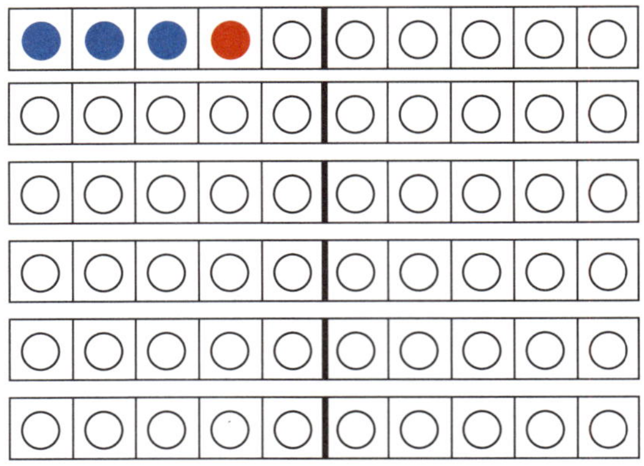

2

4 + 1 = ___
4 + 2 = ___
4 + 3 = ___
4 + ___ = ___
___ + ___ = ___

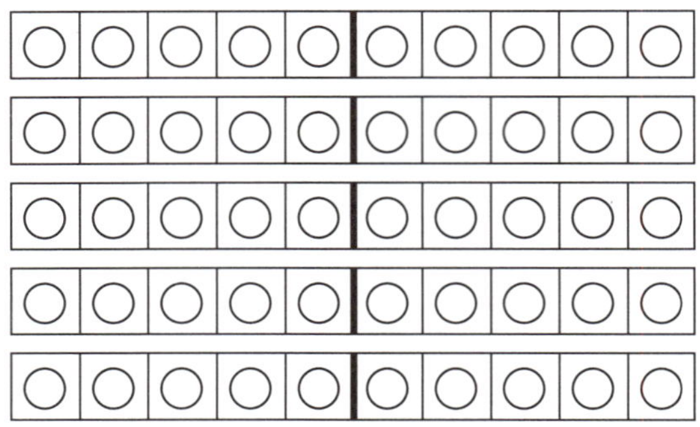

3

5 + 1 = ___	2 + 4 = ___	1 + 1 = ___	6 + 0 = ___
5 + 2 = ___	2 + 5 = ___	1 + 2 = ___	6 + 1 = ___
5 + 3 = ___	2 + 6 = ___	1 + 3 = ___	6 + 2 = ___
5 + ___ = ___	2 + ___ = ___	1 + ___ = ___	6 + ___ = ___
___ + ___ = ___	___ + ___ = ___	___ + ___ = ___	___ + ___ = ___

4

1 + 1 = ___
1 + 3 = ___
1 + 5 = ___
1 + ___ = ___
___ + ___ = ___

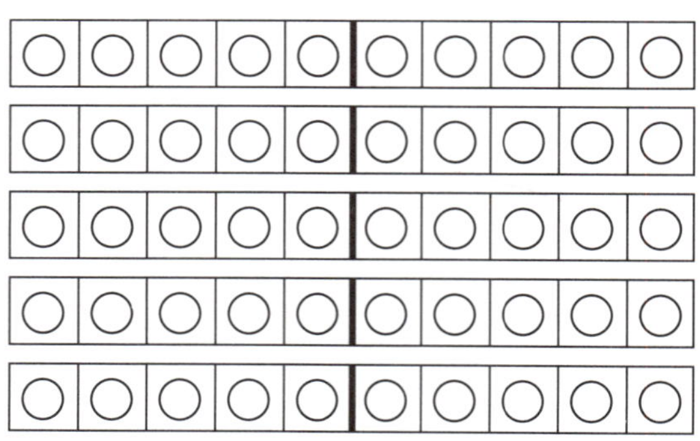

5

2 + 2 = ___	2 + 1 = ___	3 + 0 = ___	1 + 0 = ___
2 + 4 = ___	2 + 3 = ___	3 + 2 = ___	1 + 3 = ___
2 + 6 = ___	2 + 5 = ___	3 + 4 = ___	1 + 6 = ___
___ + ___ = ___	___ + ___ = ___	3 + 6 = ___	1 + 9 = ___

1 bis 5 Gesetzmäßigkeiten erkennen, Aufgabenfolgen fortsetzen.

Addieren

Datum: ____________

1

2 + 2 = ___
3 + 2 = ___
4 + 2 = ___
5 + 2 = ___
6 + ___ = ___
___ + ___ = ___
___ + ___ = ___

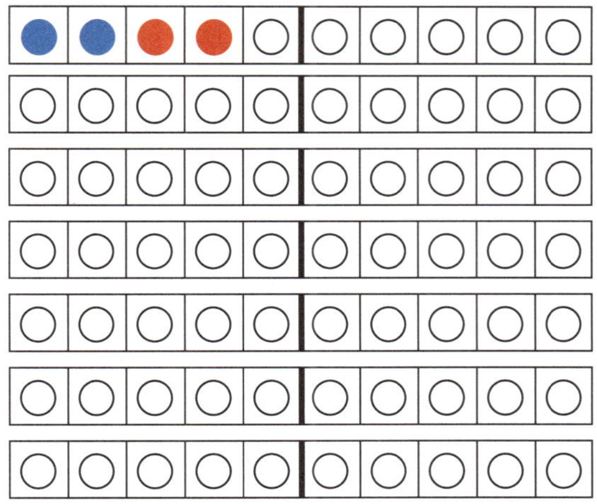

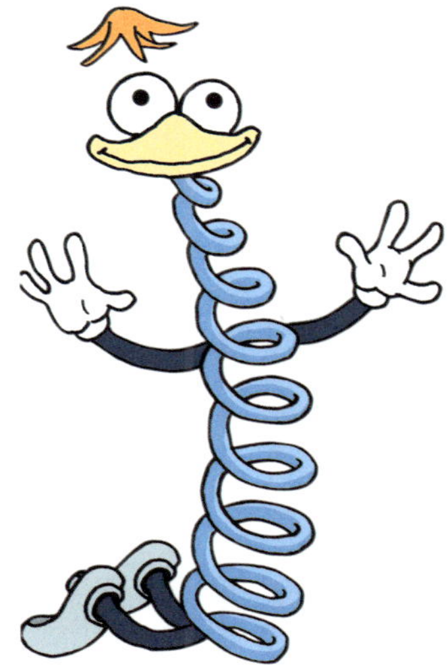

2

2 + 3 = ___
3 + 3 = ___
4 + 3 = ___
5 + 3 = ___
___ + ___ = ___

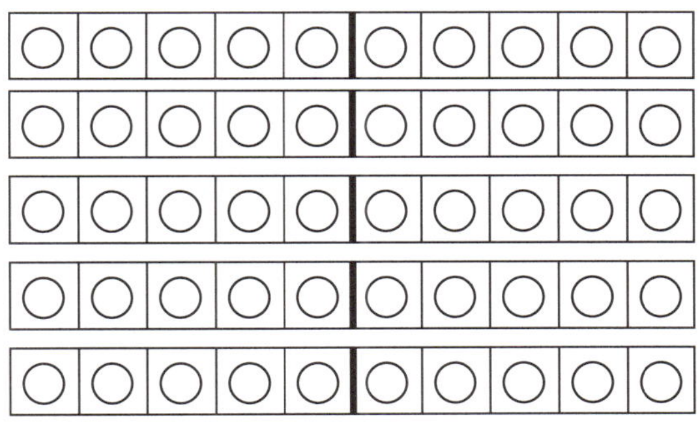

3

2 + 4 = ___	1 + 5 = ___	5 + 1 = ___	0 + 6 = ___
3 + 4 = ___	2 + 5 = ___	6 + 1 = ___	1 + 6 = ___
4 + 4 = ___	3 + 5 = ___	7 + 1 = ___	2 + 6 = ___
5 + ___ = ___	___ + ___ = ___	___ + ___ = ___	___ + ___ = ___

4

Zerlegen und Addieren

Datum: ____________

1

10 = 9 + 1
10 = 8 + 2
10 = 7 + ___
10 = ___ + ___
10 = ___ + ___

4 + 6 = ___
3 + 7 = ___
2 + 8 = ___
1 + 9 = ___
0 + 10 = ___

2

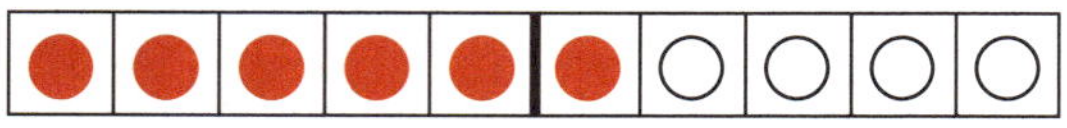

6 = 1 + 5
6 = 2 + ___
6 = 3 + ___

4 + ___ = 6
5 + ___ = 6
6 + ___ = 6

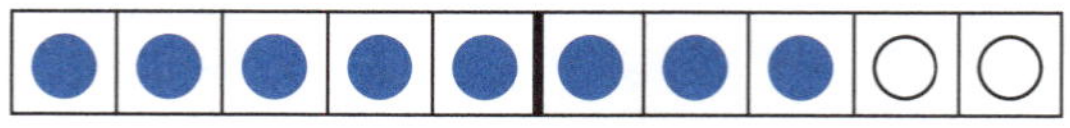

8 = 1 + 7
8 = 2 + ___
8 = ___ + ___
8 = ___ + ___

5 + ___ = ___
6 + ___ = ___
7 + ___ = ___
8 + ___ = ___

3

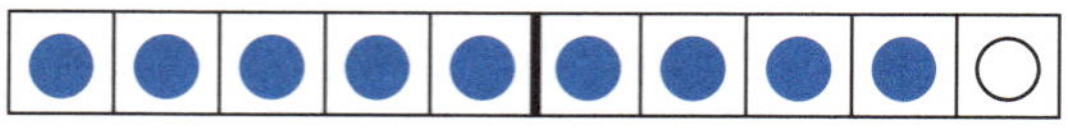

9 = 0 + 9
9 = 1 + 8
9 = 2 + ___
9 = ___ + ___

4 + ___ = ___
___ + ___ = ___
___ + ___ = ___
___ + ___ = ___

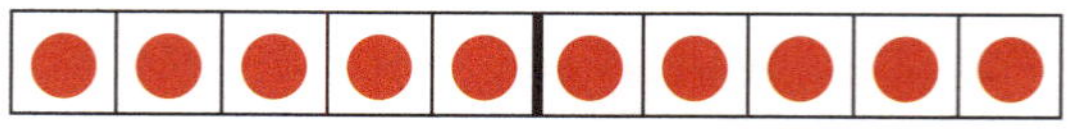

10 = 1 + ___
10 = 2 + ___
10 = ___ + ___
10 = ___ + ___

5 + ___ = 10
___ + ___ = ___
___ + ___ = ___
___ + ___ = ___

4

4 + 3 = ___
5 + 2 = ___
6 + 1 = ___
7 + 0 = ___

2 + 6 = ___
3 + 5 = ___
4 + 4 = ___
5 + 3 = ___

2 + 8 = ___
4 + 6 = ___
6 + 4 = ___
8 + 2 = ___

0 + 7 = ___
2 + 5 = ___
4 + 3 = ___
6 + 1 = ___

5

7 + 2 = ___

⑤ Selbst Aufgabenfolgen aufschreiben.

Aufgabe und Tauschaufgabe

Datum: ___________

1

3 + 2 = ___	___ + ___ = ___	___ + ___ = ___	___ + ___ = ___
2 + 3 = ___	___ + ___ = ___	___ + ___ = ___	___ + ___ = ___

2

___ + ___ = ___	___ + ___ = ___	___ + ___ = ___	___ + ___ = ___
___ + ___ = ___	___ + ___ = ___	___ + ___ = ___	___ + ___ = ___

3

3 + 4 = ___	1 + 8 = ___	4 + 5 = ___	3 + 6 = ___
___ + ___ = ___	___ + ___ = ___	___ + ___ = ___	___ + ___ = ___

4

1 + 7 = ___	2 + 8 = ___	0 + 9 = ___	2 + 5 = ___
7 + 1 = ___	___ + ___ = ___	___ + ___ = ___	___ + ___ = ___

5

2 + 7 = ___			
7 + ___ = ___			

4 Zusammengehörende Karten mit gleicher Farbe ausmalen. 5 Zusammengehörende Karten schreiben.

Kleiner, größer oder gleich?

Datum: ____________

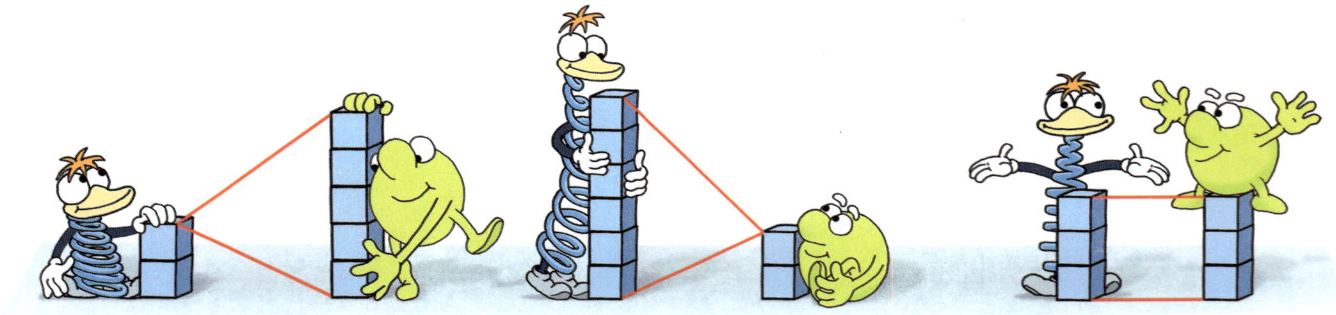

2	<	5	6	>	2	3	=	3
2	ist kleiner als	5	6	ist größer als	2	3	ist gleich	3

1

___ ○ ___ ___ ○ ___ ___ ○ ___ ___ ○ ___

2

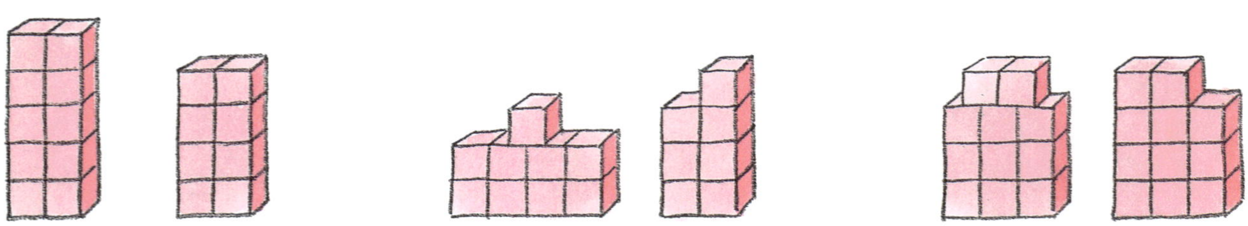

___ ○ ___ ___ ○ ___ ___ ○ ___

3

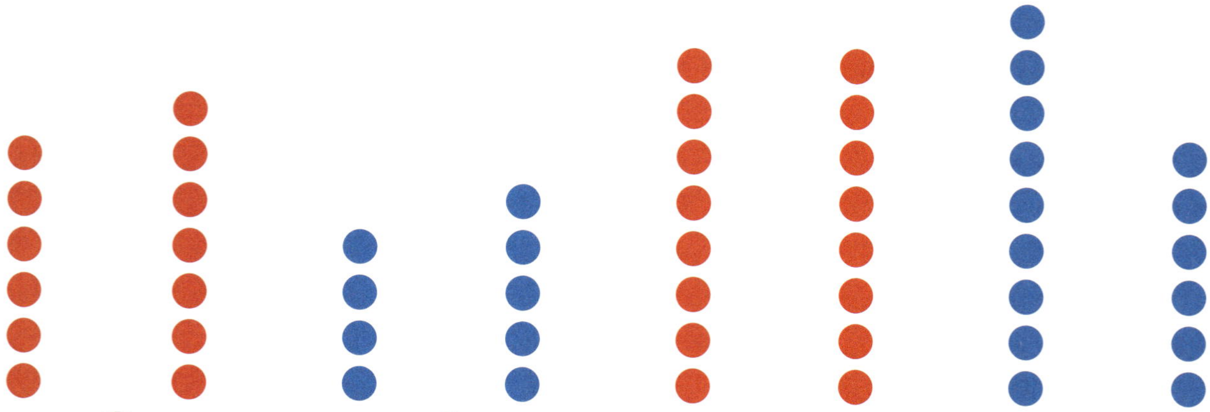

___ ○ ___ ___ ○ ___ ___ ○ ___ ___ ○ ___

Kleiner, größer oder gleich?

Datum: ____________

1 (<), (>), (=)

3 ◯ 5   7 ◯ 4   6 ◯ 6   10 ◯ 8   4 ◯ 6

2

3 ◯ 6	10 ◯ 9	10 ◯ 12	7 ◯ 11	12 ◯ 9
6 ◯ 3	9 ◯ 10	12 ◯ 10	11 ◯ 7	9 ◯ 12

3

8 ◯ 2	3 ◯ 6	5 ◯ 5	4 ◯ 7	9 ◯ 10
8 ◯ 8	7 ◯ 3	8 ◯ 7	4 ◯ 2	5 ◯ 9
0 ◯ 8	5 ◯ 3	5 ◯ 10	7 ◯ 4	0 ◯ 1
8 ◯ 5	3 ◯ 10	6 ◯ 10	5 ◯ 7	6 ◯ 0

4

5 > ___	3 > ___	2 < ___	3 < ___	0 < ___
5 > ___	3 > ___	2 < ___	3 < ___	0 < ___
5 > ___	3 > ___	2 < ___	3 < ___	0 < ___

5

~~1~~ 7 8 10 ~~9~~ ~~3~~	0 6 3 5 10 11	10 7 8 9 11 5
1 < 3	___ < ___	___ < ___
9 < ___	___ < ___	___ < ___
___ < ___	___ < ___	___ < ___

1 Entsprechende Anzahl Plättchen malen.

Datum: ____________

1

2

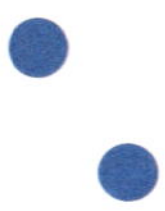	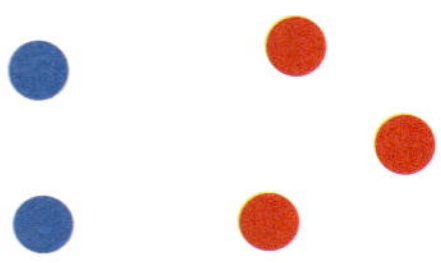		

3

+	3	1	4
2	2 + 3 = 5		
3			

Tabellen

Datum: ____________

1

+	4	2
2	2 + 4 = 6	2 + 2 = ___
5		
6		

+	6	5
3		
4		
1		

2

+	0	1			4
0	0 + 0 = ___		0 + 2 = ___		0 + 4 = ___
1	1 + 0 = ___	1 + 1 = ___	1 + 2 = ___	1 + 3 = ___	1 + 4 = ___
2		2 + 1 = ___	2 + 2 = ___	2 + 3 = ___	
3	3 + 0 = ___		3 + 2 = ___		
4		4 + 1 = ___	4 + 2 = ___		
5	5 + 0 = ___	5 + 1 = ___			

3

3 + 3 = ___
4 + 3 = ___

1 + 4 = ___

2 + 5 = ___

4

	3 + 4 = ___	3 + 5 = ___		
	4 + 4 = ___			

5

5 + 2 = ___	5 + ___ = ___			
6 + 2 = ___	6 + ___ = ___			
7 + ___ = ___	___ + ___ = ___			

2 bis 5 Fehlende Aufgaben eintragen.

Datum: ____________

Subtraktionsgeschichten

Datum: ________

1

5 – ___ = ___

___ – ___ = ___

2

___ – ___ = ___

___ – ___ = ___

3

___ – ___ = ___

___ – ___ = ___

4 Finde mehr Minusaufgaben im Bild.

___ – ___ = ___ ___ – ___ = ___ ___ – ___ = ___

___ – ___ = ___ ___ – ___ = ___ ___ – ___ = ___

Subtraktionsgeschichten

Datum: ____________

____ – ____ = ____

1

____ – ____ = ____

2

____ – ____ = ____

3

____ – ____ = ____

Subtraktionsgeschichten

Datum: ____________

1

____ – ____ = ____

2

____ – ____ = ____

3

____ – ____ = ____

4

____ – ____ = ____

Subtraktionsgeschichten

Datum: ____________

1

4 – 1 = 3

___ – ___ = ___

___ – ___ = ___

2

___ – ___ = ___

___ – ___ = ___

___ – ___ = ___

3

___ – ___ = ___

___ – ___ = ___

___ – ___ = ___

4

___ – ___ = ___

___ – ___ = ___

___ – ___ = ___

Subtrahieren mit den Rechenstreifen

Datum: ______

4 – 1 = ___

4 – 2 = ___

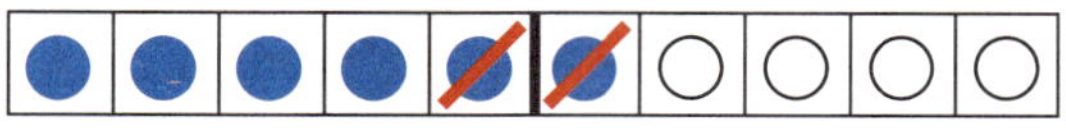

___ – ___ = ___

___ – ___ = ___

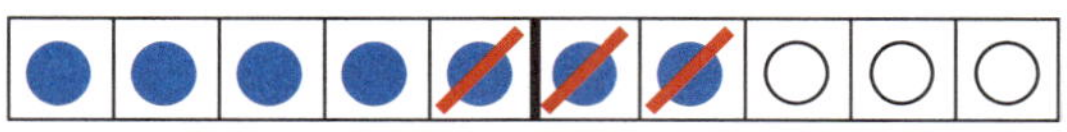

___ – ___ = ___

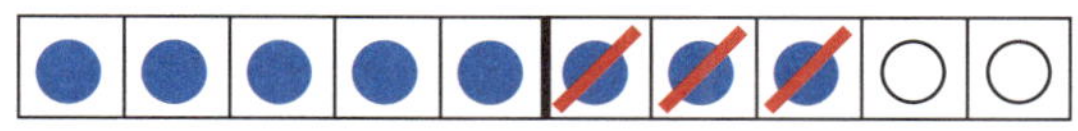

___ – ___ = ___

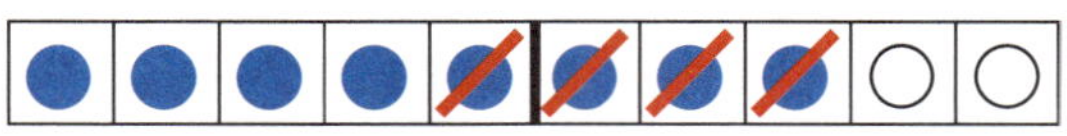

___ – ___ = ___

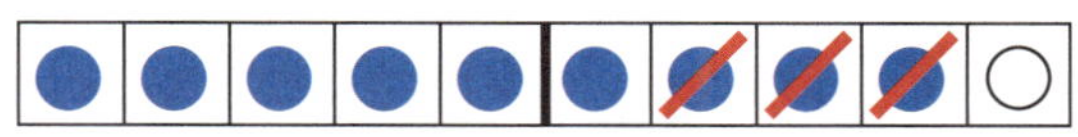

___ – ___ = ___

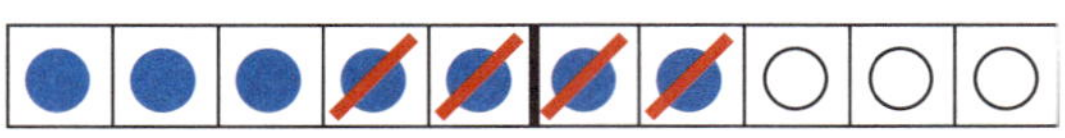

___ – ___ = ___

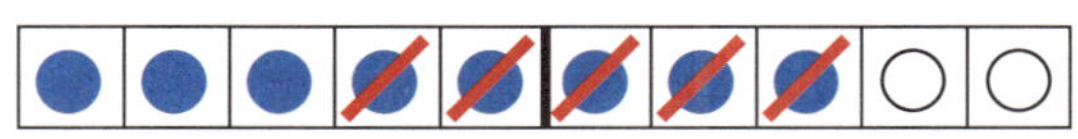

___ – ___ = ___

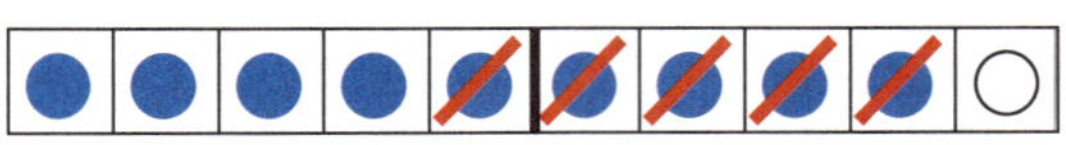

___ – ___ = ___

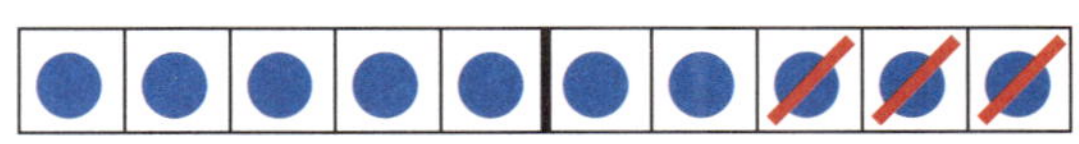

___ – ___ = ___

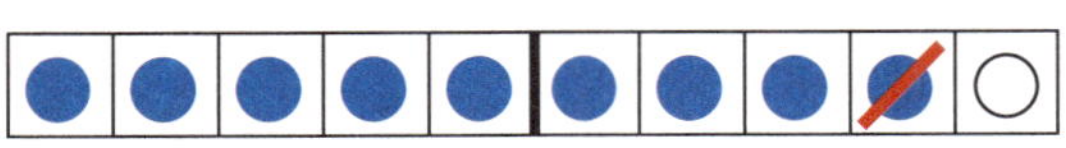

___ – ___ = ___

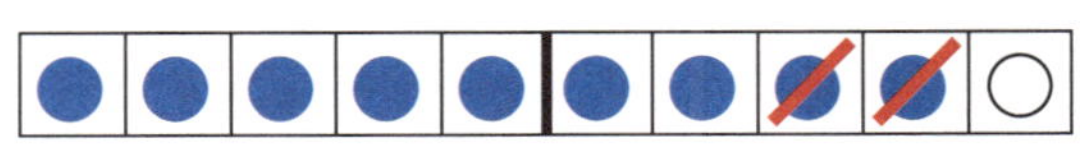

___ – ___ = ___

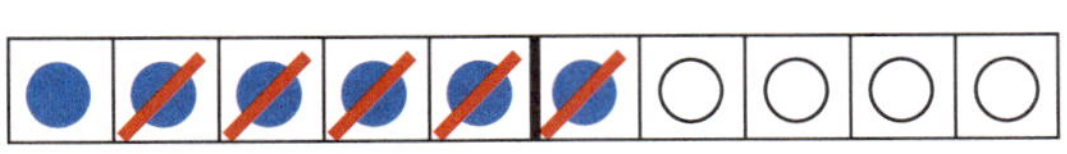

___ – ___ = ___

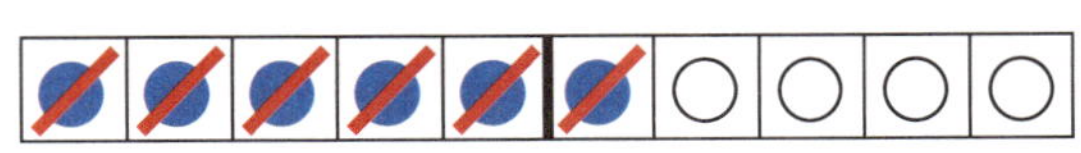

___ – ___ = ___

___ – ___ = ___

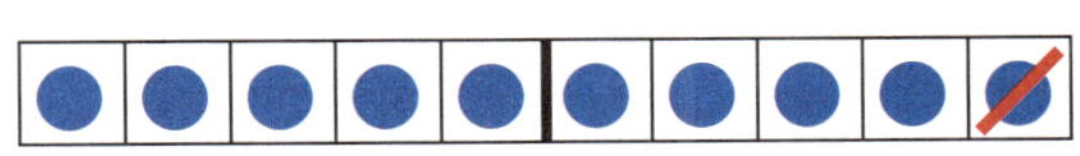

___ – ___ = ___

Subtrahieren mit den Rechenstreifen

Datum: ____________

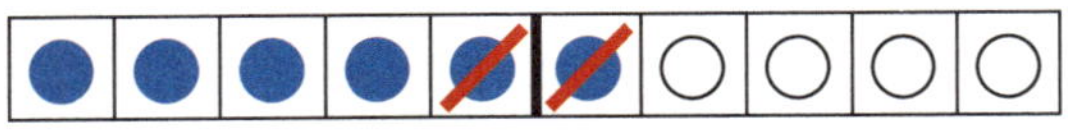

6 − 2 = ___

1

5 − 2 = ___

6 − 1 = ___

4 − 3 = ___

9 − 4 = ___

8 − 5 = ___

6 − 3 = ___

10 − 5 = ___

9 − 7 = ___

9 − 9 = ___

7 − 4 = ___

2

____

____

____

____

____

____

(1) Gesamtzahl malen, dann entsprechend durchstreichen. (2) Eigene Aufgaben malen.

Subtrahieren

Datum: ____________

1

6 – 1 = ___
6 – 2 = ___
6 – 3 = ___
6 – 4 = ___
6 – 5 = ___
6 – 6 = ___

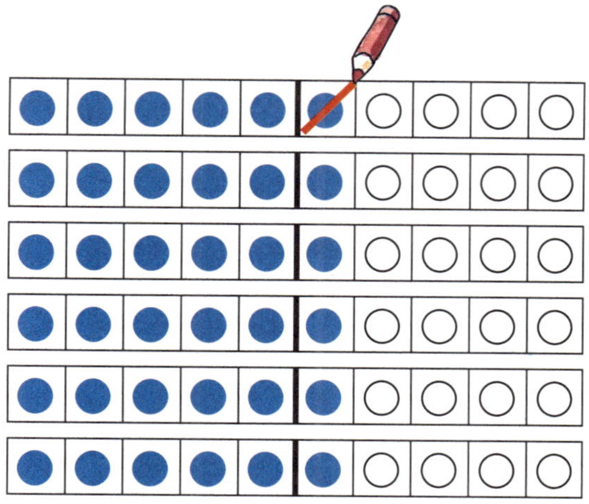

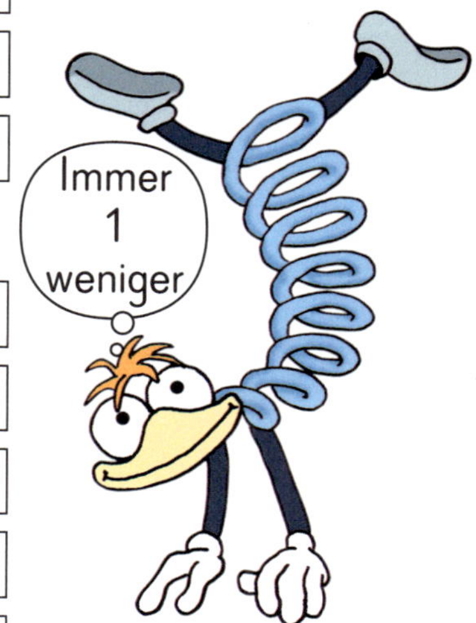

2

8 – 2 = ___
8 – 3 = ___
8 – 4 = ___
8 – 5 = ___
8 – 6 = ___
8 – 7 = ___

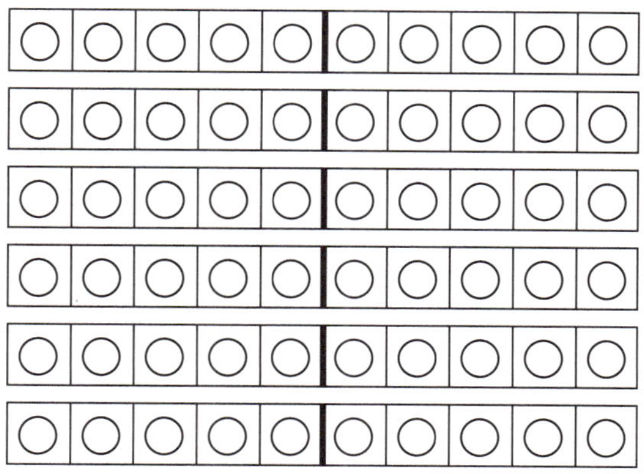

3

9 – 5 = ___	10 – 3 = ___	5 – 5 = ___	8 – 4 = ___
9 – 4 = ___	10 – 4 = ___	5 – 4 = ___	8 – 5 = ___
9 – 3 = ___	10 – 5 = ___	5 – 3 = ___	8 – 6 = ___
9 – ___ = ___	10 – ___ = ___	5 – ___ = ___	8 – ___ = ___

4

10 – 1 = ___
10 – 3 = ___
10 – 5 = ___
10 – 7 = ___
10 – 9 = ___

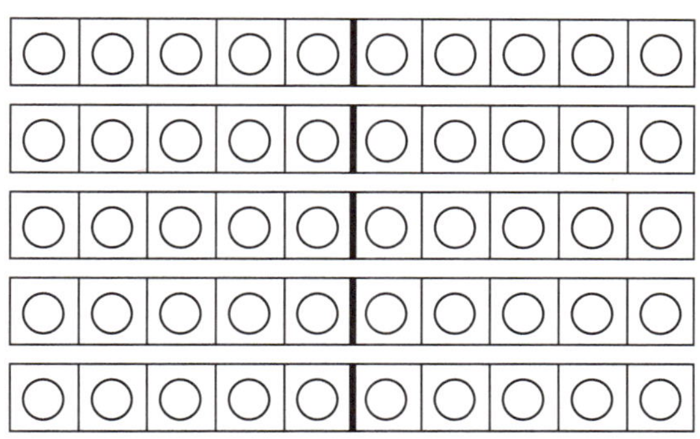

5

8 – 0 = ___	7 – 1 = ___	9 – 2 = ___	10 – 2 = ___
8 – 2 = ___	7 – 3 = ___	9 – 4 = ___	10 – 4 = ___
8 – 4 = ___	7 – 5 = ___	9 – 6 = ___	10 – 6 = ___
8 – ___ = ___	7 – ___ = ___	9 – ___ = ___	10 – ___ = ___

1 bis 5 Gesetzmäßigkeiten entdecken.

Subtrahieren

Datum: ___________

1

2 − 2 = ___
3 − 2 = ___
4 − 2 = ___
5 − 2 = ___
6 − ___ = ___
___ − ___ = ___

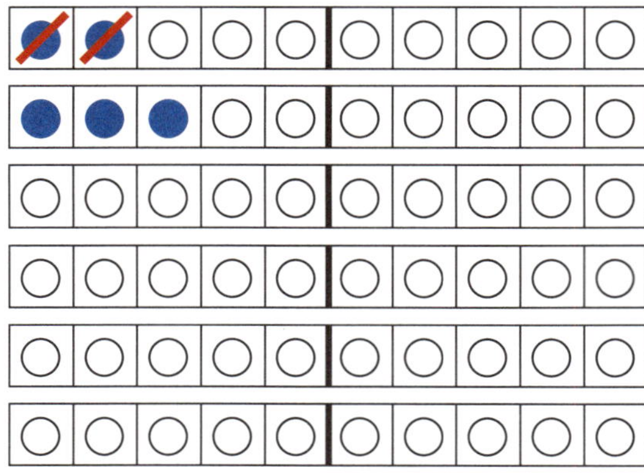

2

5 − 4 = ___
6 − 4 = ___
7 − 4 = ___
8 − 4 = ___
9 − ___ = ___

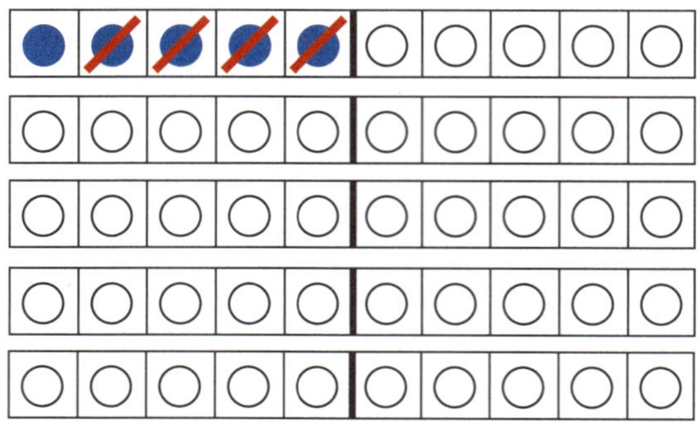

3

7 − 3 = ___	10 − 6 = ___	5 − 5 = ___	10 − 4 = ___
6 − 3 = ___	9 − 6 = ___	6 − 5 = ___	9 − 4 = ___
5 − 3 = ___	8 − 6 = ___	7 − 5 = ___	8 − 4 = ___
4 − ___ = ___	___ − ___ = ___	___ − ___ = ___	___ − ___ = ___

4

Subtrahieren

Datum: ____________

1

2 − 1 = ___
3 − 2 = ___
4 − 3 = ___
5 − ___ = ___
___ − ___ = ___

9 − 6 = ___
8 − 5 = ___
7 − 4 = ___
6 − ___ = ___
___ − ___ = ___

2

10 − 5 = ___
9 − 4 = ___
8 − 3 = ___
7 − ___ = ___
___ − ___ = ___

10 − 8 = ___
9 − 7 = ___
8 − 6 = ___
___ − ___ = ___
___ − ___ = ___

10 − 6 = ___
9 − 5 = ___
___ − ___ = ___
___ − ___ = ___
___ − ___ = ___

10 − 4 = ___
9 − 3 = ___
___ − ___ = ___
___ − ___ = ___
___ − ___ = ___

3

3 − 1 = ___
4 − 2 = ___
5 − ___ = ___
___ − ___ = ___
___ − ___ = ___

4 − 2 = ___
5 − 3 = ___
6 − ___ = ___
___ − ___ = ___
___ − ___ = ___

9 − 8 = ___
8 − 7 = ___
7 − ___ = ___
___ − ___ = ___
___ − ___ = ___

10 − 7 = ___
9 − 6 = ___
8 − 5 = ___
___ − ___ = ___
___ − ___ = ___

4

9 − 7 = ____________
8 − 6 = ____________
____
____

____
____
____
____

____
____
____
____

5

10 − 9 = ___
10 − 1 = ___

10 − 7 = ___
10 − 3 = ___

10 − 8 = ___
10 − 2 = ___

10 − 6 = ___
10 − 4 = ___

6

8 − 8 = ___
6 − 6 = ___

4 − 4 = ___
0 − 0 = ___

10 − 10 = ___
2 − 2 = ___

___ − ___ = ___
___ − ___ = ___

1 bis 3 Gesetzmäßigkeiten entdecken, Aufgabenfolgen fortsetzen.
4 Selbst Aufgabenfolgen aufschreiben.

Addieren oder subtrahieren?

Datum: ______

1

3 + 3 = ______ ______ ______

2

______ ______ ______

3

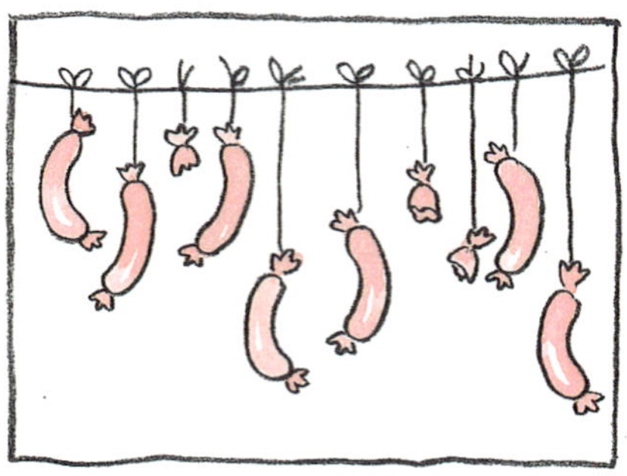

______ ______ ______

4

______ ______ ______

1 bis 4 Additions- oder Subtraktionsaufgaben rechnen.

Ordnungszahlen

Datum: ____________

1 Welche Boote sind blau, welche rot, welche gelb?

blau 1., ____________ rot ____________ gelb ____________

2 Färbe die Bälle: 1., 3., 5., 7., 9.  2., 4., 6., 8. 

1.	2.	3.						

3

 ☐

 ☐

 ☐

 1.

 ☐

 ☐

 ☐

3 Die richtige Reihenfolge angeben.

Aufgabe und Umkehraufgabe

Datum: ____________

1

____________________ ____________________

2

____________________ ____________________

3

7 + 2 = ___

9 – 3 = ___

4 + 6 = ___

9 – 2 = ___

6 + 3 = ___

8 – 4 = ___

4 + 4 = ___

10 – 7 = ___

10 – 6 = ___

3 + 7 = ___

4

6 + 4 = 10	2 + 2 = ___	5 + 2 = ___
10 – ___ = ___	___ – ___ = ___	___ – ___ = ___

9 – 1 = 8	8 – 6 = ___	4 – 3 = ___
___ + ___ = ___	___ + ___ = ___	___ + ___ = ___

Aufgabe und Umkehraufgabe

Datum: ___

1

2 + 4 = 6	7 + 3 = ___	8 + 1 = ___	2 + 3 = ___
6 − 4 = ___	___ − ___ = ___	___ − ___ = ___	___ − ___ = ___
8 − 1 = 7	8 − 5 = ___	10 − 7 = ___	6 − 4 = ___
7 + ___ = ___	___ + ___ = ___	___ + ___ = ___	___ + ___ = ___

2

9 − 7 = ___	0 + 4 = ___	3 + 2 = ___	4 − 2 = ___
___ + ___ = ___	___ − ___ = ___	___ − ___ = ___	___ + ___ = ___
3 + 7 = ___	4 + 1 = ___	9 − 6 = ___	7 − 6 = ___
___ − ___ = ___	___ − ___ = ___	___ + ___ = ___	___ + ___ = ___

3

4 + 2 = 8			

$4 \underset{-2}{\overset{+2}{\rightleftarrows}} 6$

4

$6 \underset{+3}{\overset{-3}{\rightleftarrows}} 3$ $\quad 8 \underset{+2}{\overset{-2}{\rightleftarrows}}$ ___ $\quad 5 \underset{+2}{\overset{-2}{\rightleftarrows}}$ ___

$3 \underset{-6}{\overset{+6}{\rightleftarrows}}$ ___ $\quad 6 \underset{-4}{\overset{+4}{\rightleftarrows}}$ ___ $\quad 7 \underset{-2}{\overset{+2}{\rightleftarrows}}$ ___

5

___ $\underset{-4}{\overset{+4}{\rightleftarrows}}$ ___ $\quad$ ___ $\underset{-5}{\overset{+5}{\rightleftarrows}}$ ___ $\quad$ ___ $\underset{-0}{\overset{+0}{\rightleftarrows}}$ ___

___ $\underset{-2}{\overset{+2}{\rightleftarrows}}$ ___ $\quad$ ___ $\underset{-\,\_\_}{\overset{+\,\_\_}{\rightleftarrows}}$ ___ $\quad$ ___ $\underset{-\,\_\_}{\overset{+\,\_\_}{\rightleftarrows}}$ ___

3, 5 Selbst Aufgabe und Umkehraufgabe finden.

Aufgabenfamilien

Datum: ____________

1

6 8 2

2 + 6 = 8

6 +

10 6 4

3 8 5

2

6 4 2

7 1 8

3 1 2

3

1 bis 3 Mit den drei Zahlen immer vier Aufgaben schreiben.

Aufgabenfamilien

Datum: ____________

1

7 | 2 | 5

___ + ___ = ___
___ + ___ = ___
___ − ___ = ___
___ − ___ = ___

10 | 6 | 4

4 | 1 | 5

2

3 | 5 |

___ + ___ = ___
___ + ___ = ___
___ − ___ = ___
___ − ___ = ___

| 4 | 5

| 7 | 4

3

6 | 3 |

| 2 | 2

5 | | 10

4

4 Selbst Aufgabenfamilien finden.

Dreigliedrige Additionsaufgaben

Datum: ______

1

3 + _2_ + _5_ = ___

_2_ + _1_ + _5_ = ___

2

___ + ___ + ___ = ___

___ + ___ + ___ = ___

___ + ___ + ___ = ___

3

2 + 2 + 2 = ___

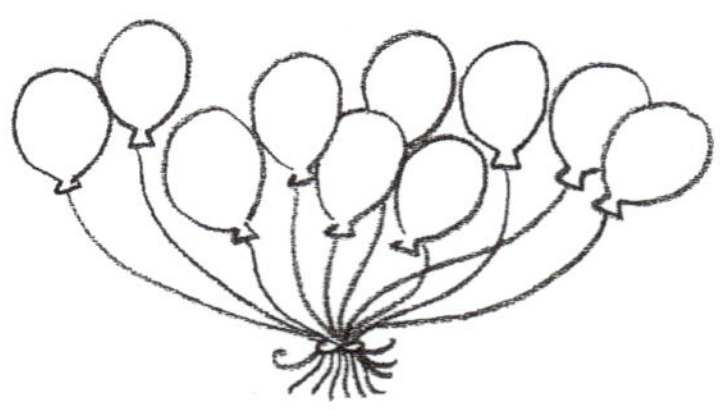

5 + 2 + 3 = ___

3 + 1 + 1 = ___

4

1 + 5 + 3 = ___	1 + 2 + 3 = ___	4 + 4 + 2 = ___
2 + 2 + 4 = ___	2 + 3 + 4 = ___	3 + 3 + 3 = ___
5 + 4 + 1 = ___	7 + 1 + 2 = ___	4 + 1 + 2 = ___
3 + 3 + 3 = ___	2 + 2 + 2 = ___	5 + 3 + 2 = ___

5

9	10	8
7 + 2 + ___	5 + 2 + ___	2 + 2 + ___
4 + 3 + ___	4 + 1 + ___	3 + ___ + 3
___ + 5 + 1	___ + 3 + 4	1 + 1 + ___
2 + ___ + 3	6 + ___ + 1	5 + 2 + ___
3 + ___ + 3	___ + ___ + ___	___ + ___ + ___
6 + 2 + ___	___ + ___ + ___	___ + ___ + ___

Dreigliedrige Subtraktionsaufgaben

Datum: ___

5 − 2 − 1 = 2

1

7 − 4 − 2 = ___

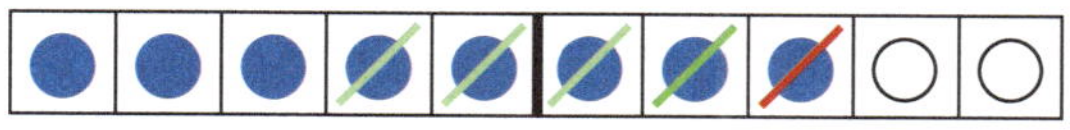

8 − 1 − 4 = ___

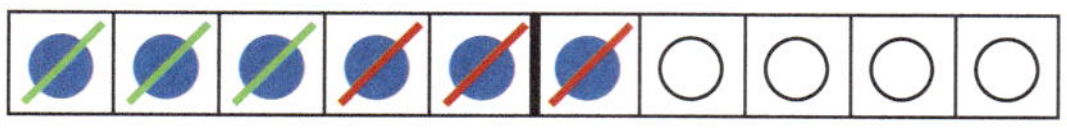

6 − ___ − ___ = ___

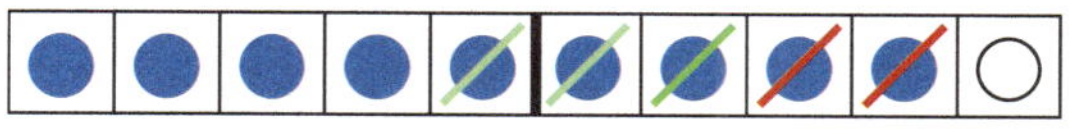

9 − ___ − ___ = ___

2

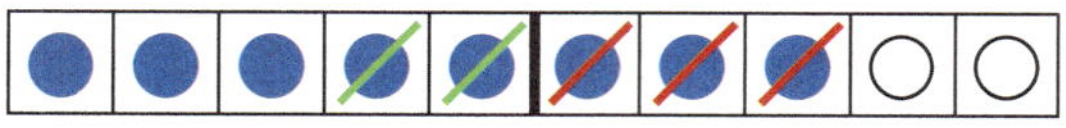

8 − 3 − 2 = ___

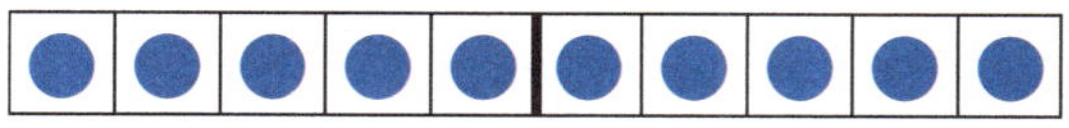

10 − 5 − 3 = ___

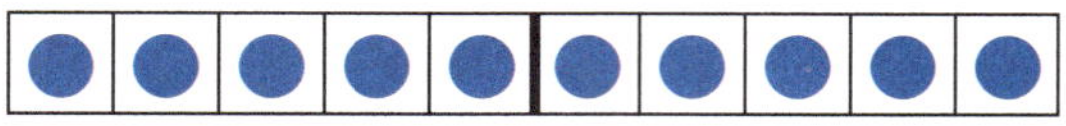

10 − 1 − 4 = ___

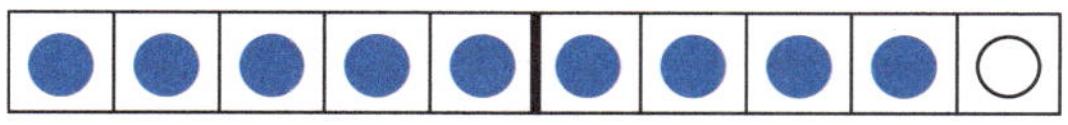

9 − 6 − 3 = ___

3

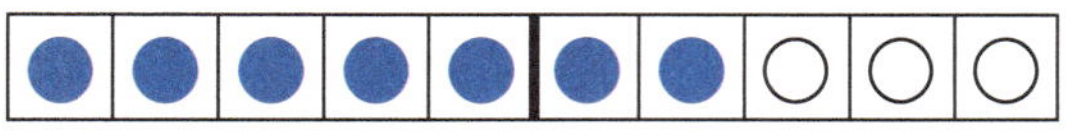

7 − 3 − 3 = ___

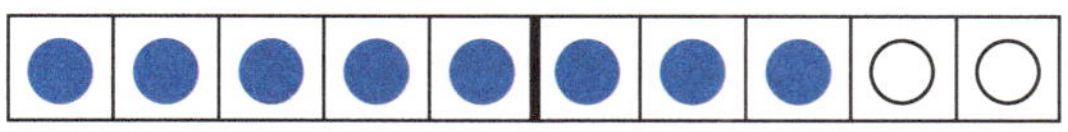

8 − 3 − 2 = ___

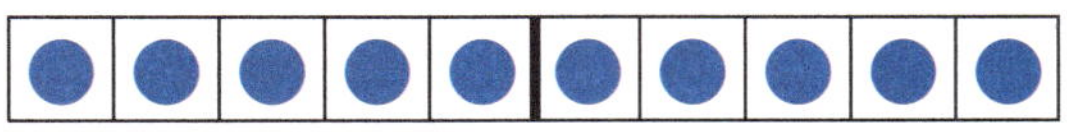

10 − 5 − 5 = ___

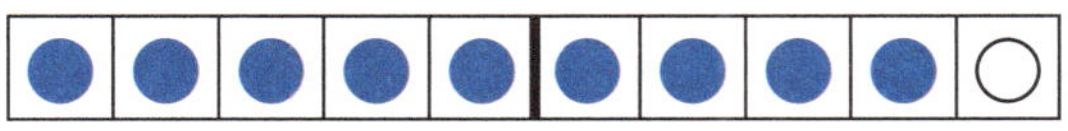

9 − 0 − 3 = ___

4

7 − 0 − 3 = ___
7 − 3 − 2 = ___
5 − 5 − 0 = ___

9 − 4 − 5 = ___
10 − 1 − 7 = ___
8 − 1 − 5 = ___

8 − 1 − 3 = ___
10 − 4 − 1 = ___
9 − 3 − 3 = ___

Das kann ich jetzt

- 0
- 1
- 2
- 3
- 4
- 5, 6, 7
- 8, 9
- 10